艺术设计 ARTDESIGN

高等院校艺术学门类『十三五』系列教材

包装设计教程（第二版）

BAOZHUANG SHEJI JIAOCHENG

主　编　刘雪琴
副主编　马志洁
参　编　陈　丽　丁　颖　鲁　甜

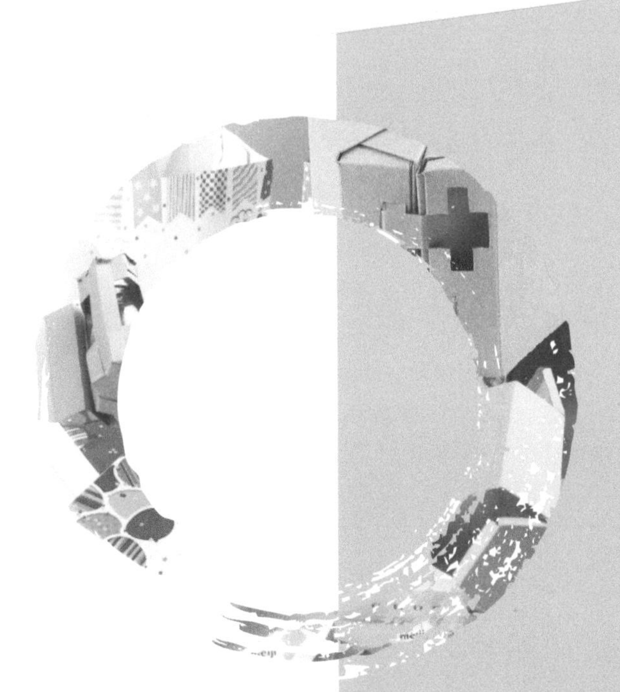

华中科技大学出版社
http://press.hust.edu.cn
中国·武汉

内容简介

本书从讲解包装设计的本质出发，对基本概念进行系统的解析，将理论与实践紧密结合，重点突出理论与实践相结合的教学方式。本书通过大量的学生作品，生动形象地进行教学引导，希望学生借此掌握包装设计的一般规律和简单方法；通过适当的引导性训练，培养和建立包装设计的基本意识及观念。本书结合课堂实践教学，重点从包装的纸盒造型、视觉传达、主要表现形式等不同角度阐释包装设计的知识点，并提供对包装设计学习的途径和方法，而不急于促成对包装设计的高层次能力培养，希望借此拓展学生的思维，让学生了解包装设计方法的多样性，使之在未来的创作中能够将所学、所见自然地运用到实践中，有效地把学生培养成为实用型的设计人才。本书适用于大学本科及专科院校的视觉传达专业包装设计课程的教学。

图书在版编目(CIP)数据

包装设计教程/刘雪琴主编. —2版. —武汉：华中科技大学出版社，2018.2(2025.1重印)
ISBN 978-7-5680-3813-3

Ⅰ.①包…　Ⅱ.①刘…　Ⅲ.①包装设计-高等学校-教材　Ⅳ.①TB482

中国版本图书馆CIP数据核字(2018)第029460号

包装设计教程(第二版)
Baozhuang Sheji Jiaocheng

刘雪琴　主编

策划编辑：袁　冲
责任编辑：董　田
封面设计：孢　子
责任监印：朱　玢
出版发行：华中科技大学出版社(中国·武汉)　电话：(027)81321913
武汉市东湖新技术开发区华工科技园　邮编：430223
录　　排：华中科技大学惠友文印中心
印　　刷：广东虎彩云印刷有限公司
开　　本：880mm×1230mm　1/16
印　　张：7.5
字　　数：225千字
版　　次：2025年1月第2版第2次印刷
定　　价：49.00元

目录

第一章

绪论

第一节 包装的基本概念

第二节 包装的功能

第三节 包装的分类

学习目标

本章系统地阐释了包装的定义。通过对本章的学习，学生可以掌握包装的基本概念，了解包装的定义在不同国家和地区略有差异。掌握包装的基本功能和分类是实施包装设计的基础，同时也是设计的核心问题。

学习要点

- 包装的基本概念
- 包装的功能
- 包装的分类

教学要求

通过课堂教学，促使学生对包装的定义有较为系统的认知，对相关的知识点能熟练掌握。同时也要善于引导学生通过课外阅读或网络资源来掌握与包装相关的知识，从而多角度、全方位地认识包装。

第一节　包装的基本概念

包装对于每个购买过商品的消费者来说，都不会陌生。与其他艺术形式相比，包装有更广泛的影响：它随处可见，并与我们的生活息息相关。如果把企业比做人，则产品相当于是人的素质，而包装就是人的外衣。可见包装对于产品、企业、社会经济发展具有不可忽视性。

在设计师眼中，从产品到商品，必须有一个包括文化、精神在内的人性化的综合价值的升华。“佛要金装、人要衣装”，同样的，商品需要包装。正是包装，给商品注入了生命，铸就了商品的个性。如果说包装的人格化、个性化能有助于人们理解商品特有个性的话，那么这种个性的共性基础应该是实而不虚、诚而无欺。诚与实应该贯穿包装的全部，无论是它所传递的信息、追求的风格，还是它所反映的个性，离开了“诚实”原则，商品包装就会物极必反、得不偿失。这就要求设计师必须恰如其分地完成包装设计。

包装设计是一个不断发展、完善的过程。传统的包装设计主要包含保护、整合、运输、美化等意义。保护即能够良好地保护内容物；整合即能够将一些无序的物品按空间或数量标准组合在一起；运输就是通过包装便于商品运输、搬运；美化就是通过包装来美化商品外在形象。和对其他客观事物认识一样，人们对包装的认识，也随着人们的社会生产实践的不断进步而不断更新，因而包装设计的内涵与外延也在不断地拓展。与传统的包装概念相比，现在包装的概念及其内涵与过去有了极大的变化。

一、国外有关包装的解释

随着流通时代的到来及销售竞争的日益激烈，各国对包装的定义有所区别，但也不乏相通之处。

美国包装学会对包装的定义是：包装是为产品的运输和销售做准备的行为。

英国对包装的定义是：包装是为了货物的运输和销售所作的艺术、科学和技术上的准备工作。

日本工业规格 JIS101 对包装的定义是：包装是使用适当的材料、容器而施以技术，使产品安全到达目的地，在产品运输和保管过程中能保护其内部及维护产品的价值。

加拿大包装协会对包装的定义是：包装是将产品由供应者送至顾客或消费者，而能保持产品处于完好状态的手段。

以前,很多人都认为,包装以转运流通物资为目的,是包裹、捆扎、容装物品的手段和工具,也是包扎与盛装物品时的操作活动。20 世纪 60 年代以来,随着各种自选超市和卖场的普及与发展,包装由原来的以保护产品的安全流通为主,转向扮演"促销员"的角色,人们给包装赋予了新的内涵和使命。包装的重要性,已得到社会的认可与重视。

二、我国对包装的定义

我国在国家标准 GB 4122—1983 中对包装的定义为:包装是为了在流通中保护产品、方便储运、促进销售,按一定技术方法而采用的容器、材料及辅助物等的总体名称,也指为了达到上述目的而采用容器、材料和辅助物的过程中施加一定技术方法等的操作活动。

第二节 包装的功能

一、容纳功能

容纳功能是指容纳、包扎商品。包装设计最首先要针对产品的实际尺寸进行设计制作,要能够包容下整个产品。(见图 1-1)

二、保护功能

保护功能是其最主要的功能。包装不仅要能容纳产品,还要对产品进行保护。即依据产品的属性及外部环境,使用合理的保护技术,防止产品在受到外部物理或化学因素影响时破损或变质。(见图 1-2)

图 1-1 包装的尺寸容得下商品的尺寸是最基本的功能,只有这点保障了,才有可能完成其他功能

图 1-2 商品是易破碎的脆饼,要使商品不被破坏,就要求包装要有较强的硬度,就这点而言就必须强调保护功能

三、传达功能

传达功能是指直接向消费者传递商品的信息,直接吸引视线。信息的传递离不开符号,包装本身就是一种视觉符号,它传递给消费者商品的整体印象及商品的信息。现代包装具有完备的视觉符号:外观造型、品牌标志、文字、图形、色彩。通过对这些元素的排列组合,清晰地将商品信息传达给消费者。尤其在当代,包装在自助式的销售方式中,起到了无声"销售员"的作用。(见图 1-3)

四、方便功能

包装一方面是为商品考虑，另一方面是为消费者着想。例如便于消费者使用、开启、携带、存放等，能够打动消费者，让消费者感受周全的服务，从而可能对商品产生好感，进而忠实购买。（见图 1-4）

图 1-3　商品的名称、品牌、图形、文字、色彩，所有的元素都在告知消费者商品的信息，从而引导消费者选择性地进行消费

图 1-4　提手的设计具有便于携带的功能

五、销售功能

销售功能也称商业功能。包装作为一种商品的附属品，通过视觉元素来营造各种消费气氛，对消费者的购买行为起着心理暗示作用。在产品同质化的今天，外观设计在营销中起着重要的作用。精美、新颖、合理的包装造型，通过赏心悦目的图形文字符号、适宜的色彩搭配、优雅舒服的材质，满足消费者的心理需要，诱导消费行为。美好的视觉印象往往能引起消费者的共鸣，诱发购买行为。（见图 1-5）

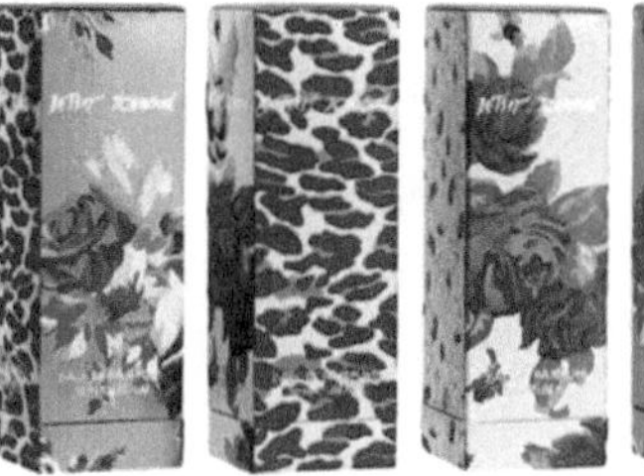

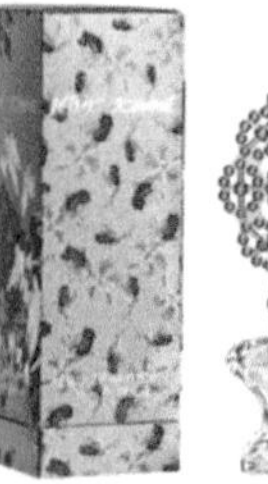

图 1-5　这是一款香水，从个体的内包装到外包装，都迎合了女性消费者的喜好，能引起消费者的共鸣，营造了一种良好的销售环境

第三节　包装的分类

一、按包装形态分类

按包装形态分类，包装可分为包装箱、包装桶（见图 1-6）、包装瓶（见图 1-7）、包装罐（见图 1-8）、包装杯（见图 1-9）、包装袋（见图 1-10）、包装篮（见图 1-11）等。

图 1-6　包装桶

图 1-7　包装瓶

图 1-8　包装罐

图 1-9　包装杯

图 1-10　包装袋

图 1-11　包装篮

二、按商品内容分类

按商品内容分类，包装可分为日用品包装、食品包装、烟酒包装、化妆品包装、医药包装、文体包装、工艺品包装、五金家电包装、儿童玩具包装等。

三、按包装材料分类

按包装材料分类，包装可分为纸包装、金属包装、纸箱包装、玻璃包装、木包装、陶瓷包装、塑料包装、棉麻包装、布包装、草席包装、纸塑复合材料包装等。

四、按包装技术分类

按包装技术分类，包装可分为真空包装(见图 1-12)、充气包装(见图 1-13)、冷冻包装、组合包装等。

图 1-12 真空包装

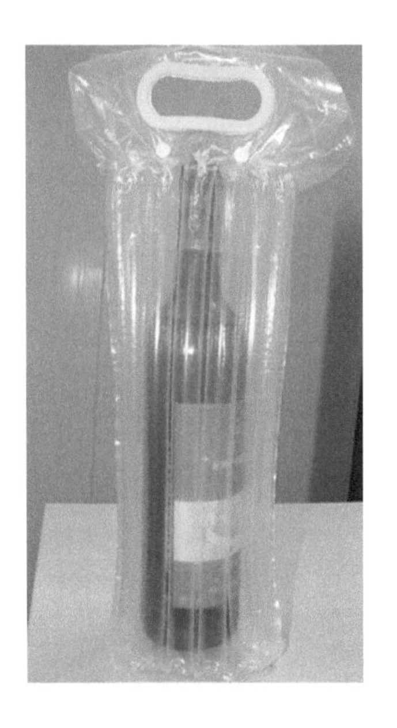

图 1-13 充气包装

五、按产品性质分类

按产品性质分类，包装可分为销售包装、储运包装、军需包装等。销售包装可细分为内销包装、外销包装、礼品包装和经济包装；储运包装也称为工业包装，主要在厂家与分销商、卖场之间流通，不是设计的重点，只要注明产品的数量和发货、到货日期、时间、地点等即可；军需包装是特殊用品包装，一般设计中较少遇到。

六、按包装体量分类

按产品性质分类，包装可分为小包装、中包装和大包装。小包装也称为个体包装或内包装。它直接与产品接触，一般都陈列在卖场的货架上，在设计中要体现商品性，吸引消费者；中包装主要是为了增强对产品的保护、便于计数而对产品进行的组装或套装；大包装也称外包装、运输包装，主要是为了增加产品在运输过程中的安全性，且便于装卸与计数。(见图 1-14 和图 1-15)

图 1-14 这是一套商品的包装，小的是个体的内包装，上面的小包装都可以放到中包装中进行套装

图 1-15 方便面的运输包装(大包装)

【思考题】

1. 谈谈通过本章的学习后你对包装设计的理解。

2. 为什么要进行商品包装?

3. 在包装设计中该如何体现包装的功能性?

第二章

包装设计的起源与发展

要掌握包装设计的创意方法和表现形式就必须了解包装的历史和现状。通过本章的学习可以较为宏观地了解中国古代包装的各种形态、在工业革命的影响下西方的包装发展概况，以及对包装各个不同时期的主要材料、包装形式等都有较为形象的认识，还能了解包装发展的趋势。

- 包装的起源
- 包装的发展

教学中要求以中国古代的包装形式和西方包装的发展为重点，突出具有代表意义的包装形态，能让学生认识一个形象、有序且完整的发展史。

第一节　包装的起源

人类的生存需要生产、收集、储存必需的生活物资。那么为了收集、转移和储存物资，采用什么样的材料与方式来包装、转移物资呢？这就是包装设计的起因。例如利用植物叶子、兽皮来包裹，采用藤条、植物纤维来捆扎，利用贝壳、竹筒、葫芦、兽角等作为容器，进而利用天然材料进行加工，编织成篮子、筐篓装物，以至在筐篓上敷泥、用泥土制作器皿盛装物资，这就是最初的原始包装。它是人类对自然材料资源，在包装过程中的认识、选择、利用和简单的处理加工。由此可见，为收集、转移、储存和分发物资而选择采用适当的材料或可容物，对物资进行包裹、捆扎、包装等方式的加工处理，就是早期包装设计的起源和萌芽。

关于包装的起源，我们可以作出这样的论断：自从人类社会产生以来，人们就懂得了如何将物品盛装起来，并从生活中逐渐发现了一些适合包装的材料。如利用植物纤维织成绳或筐，利用中空的竹筒盛装物品，到后来又掌握了陶的制作技巧，出现了各种以陶为材料的包装容器，等等。这些都是古代劳动人民智慧的结晶。

第二节　包装的发展

一、中国古代包装

在这一时期，人类历经了原始社会后期、奴隶社会、封建社会的漫长过程。在这个过程中，人类文明发生了多方面的巨大变化，生产力的逐步提高使越来越多的产品用于交易，产生了商品。商品的出现要求对其进行适当的包装以适应运输和交易，于是人类开始用多种材料来制作包装容器，以便于商品流通。

在包装材料上，人类从截竹凿木，模仿葫芦等自然物的造型制成包装容器，到用植物茎条编成篮、筐、篓、席，用麻、畜毛等天然纤维捻结成绳或编织成袋、兜等用于包装，经历了一个很长的历史阶段。而陶器、青铜器、玻璃容器的相继出现，以及造纸术的发明使包装的水平得到了更明显的提高。

在包装技术上，已采用了透明、遮光、透气、密封和防潮、防腐、防虫、防震等技术及便于封启、携带、搬运的一些方法。

在造型设计和视觉传达艺术上，已掌握了对称、均衡、统一、变化等形式美的规律，并采用了镂空、镶嵌、堆雕、染色、涂漆等装饰工艺，制成极具民族风格的多姿多彩的包装容器，使包装不但具有容纳、保护产品的实用功能，还具有艺术审美价值。在我国北宋时期就开始使用标志形象，以便于认牌购货。如我国现存北宋时山东济南的针铺包装纸。(见图 2-1)

古代包装虽已具有选材、造型和美化等原始的设计概念，但包装的主要功能仍是储存和保护产品及便于搬运。

1. 陶器

据考证，我国陶器的烧制已有近万年的历史，在旧石器时代，人类在生活中为了耐火的需要，而在编制或木制的包装容器上涂上黏土来烧煮东西，后来发现编制的东西烧毁了，黏土却保存了下来，这就是最初的陶器。陶器出现之初基本都为生活用品，制作简单、粗糙，表面有绳纹或人面鱼纹及兽面纹样装饰(见图 2-2)，新石器时代晚期出现了彩陶(见图 2-3)。

图 2-1 中间印有一个兔儿形象，上面横写“济南刘家功夫针铺”，从右边到左边分别竖写“认门前白”“兔儿为记”，下半方还有广告文句字样。图形标记鲜明，文字简洁易记，是古代完整的包装设计实例

图 2-2 表面有绳纹的陶罐

图 2-3 新石器时期的彩陶瓶

2. 青铜器

我国商代青铜器就已被普遍使用，但主要都是奴隶主和达官贵人的用品，普通劳动人民则享用不起。青铜器造型丰富，用途较为广泛，一般可分为以下几类。

(1)烹饪器 鼎(见图 2-4，用于煮肉)、鬲(见图 2-5，用于煮粥)。

图 2-4 鼎

图 2-5 鬲

(2)酒器　爵(见图 2-6,用于饮酒和温酒)、角(见图 2-7,用于饮酒)、觚(见图 2-8,用于饮酒)、觯(见图 2-9,用于饮酒)、壶(见图 2-10,用于盛酒)、卣(见图 2-11,用于盛酒)、觥(见图 2-12,用于盛酒)、尊(见图 2-13,用于盛酒)。

(3)食器　簋(见图 2-14,常用来盛主食,相当于现在的碗)。

(4)水器　鉴(见图 2-15,相当于大盆)、盘(见图 2-16,用于盛盥洗后的污水)。

3. 漆器

我国开始以漆为涂料,相传始于 4 000 多年前。据说使用漆器还要早。1976 年,在浙江余姚河姆渡遗址上发现了距今 7 000 多年的木胎漆碗(见图 2-17)与漆筒。考古研究中,湖南省长沙马王堆、湖北省江陵凤凰山和云梦大坟头等地汉墓出土的漆器,数量大、种类多、保存极好、完美如新,是研究汉代漆器的重要资料(见图 2-18)。

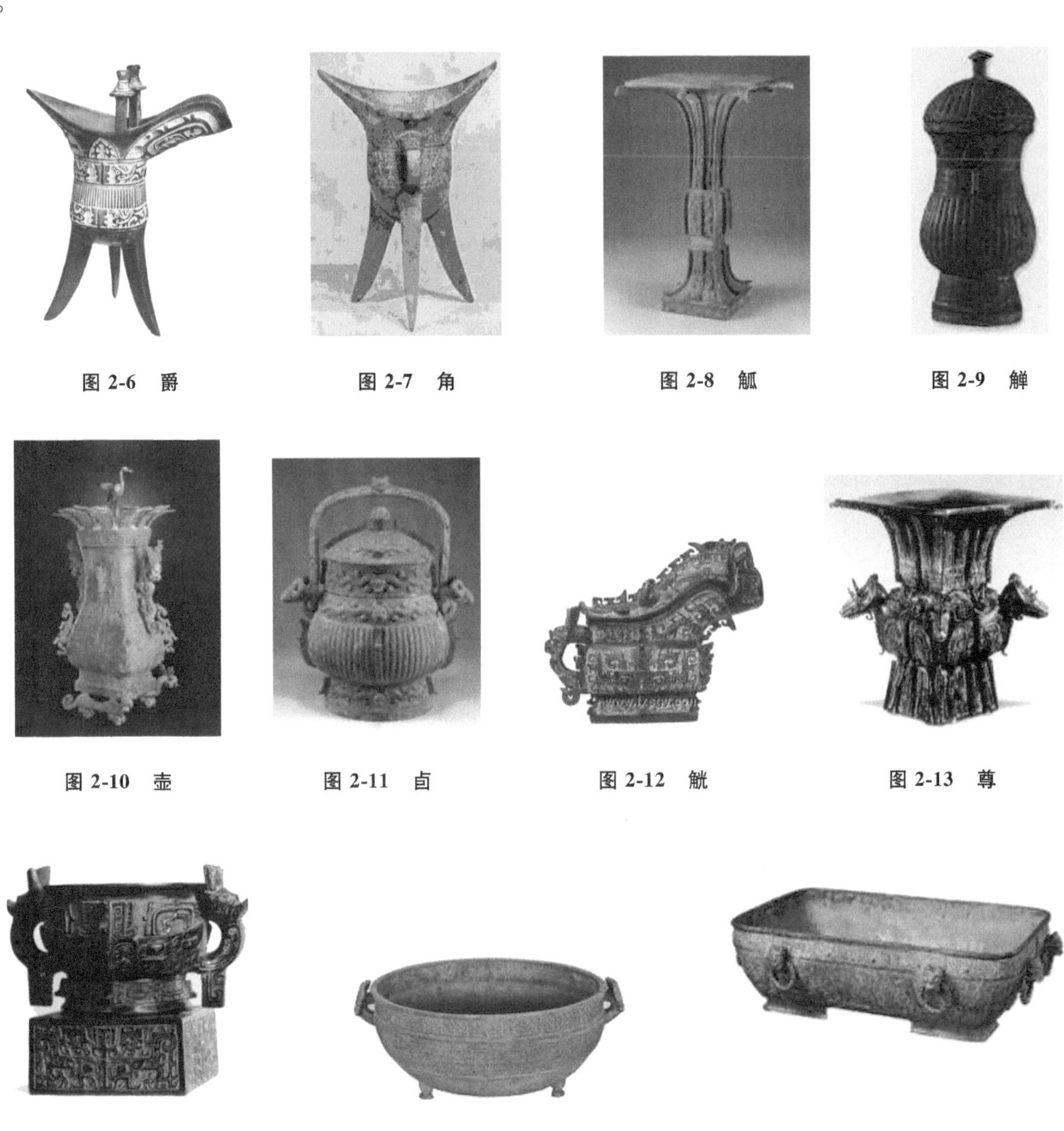

图 2-6　爵　图 2-7　角　图 2-8　觚　图 2-9　觯

图 2-10　壶　图 2-11　卣　图 2-12　觥　图 2-13　尊

图 2-14　簋　图 2-15　鉴　图 2-16　盘

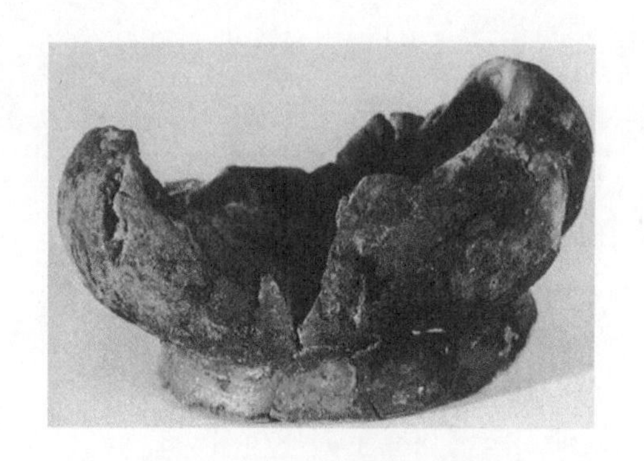

图 2-17　河姆渡遗址　漆碗

图 2-18　汉代　漆盒

4. 瓷器

瓷器是我国传统文化的象征。它作为一种容器，在我国历史上应用广、历史悠久、影响大，是其他种类的容器不可比拟的。瓷器始于东汉，在战国时期经历了半瓷质陶器的过渡。我国的瓷器可分为：白瓷(见图 2-19)、青瓷(见图 2-20)、彩瓷(见图 2-21)。

图 2-19　白瓷

图 2-20　青瓷

图 2-21　彩瓷

5. 民间的包装材料与形式

古代民间常用的材料多以自然材质为主，如木、藤、草、叶、竹、茎等，包括：①粽叶；②荷叶包食物(见图2-22)；③葫芦装酒(见图 2-23)；④竹、藤编织的篓(见图 2-24)、篮、簸箕、竹席等；⑤麻、木、皮革、丝绸制成的包装品。

图 2-22　荷叶包饭

图 2-23　葫芦酒壶

图 2-24　竹编包装容器

二、近代包装

这一阶段是指 16 世纪末到 19 世纪。西欧、北美国家先后从封建社会过渡到资本主义社会，社会生产力和商品经济都得到较快的发展。自 18 世纪中期到 19 世纪晚期，在西方国家所经历的两次工业革命中，先后出现了蒸汽机、内燃机，以至电力的广泛使用，使社会生产力大大提高。大量产品的生产又导致商业的迅速发展。轮船、火车、汽车及飞机的发明使交通运输发展到海、陆、空。这样，就要求商品必须经过适宜的包装以满足流通的需要。大量的商品包装使一些发展较快的国家开始形成机器生产包装产品的行业。此阶段的发展主要表现在以下几方面。

(一)包装材料及容器

18 世纪人类发明了马粪纸及纸板制作工艺,出现纸制容器;19 世纪初人类创造了用玻璃瓶、金属罐保存食品的方法,从而产生了食品罐头工业等。(见图 2-25 和图 2-26)

图 2-25　早期的金属罐头包装

图 2-26　早期的牛奶包装

(二)包装技术

各种容器的密封技术更为完善。16 世纪中叶,欧洲已普遍使用了锥形软木塞密封包装瓶口,17 世纪 60 年代,香槟酒问世时就是用绳系瓶颈和软木塞封口,到 1856 年人类发明了加软木垫的螺纹盖,1892 年人类又发明了冲压密封的王冠盖,使密封技术更便捷可靠。

(三)标志的应用

随着商品经济的高速发展,商品日益丰富,为了引导顾客,扩大销售,厂商开始重视印刷标记的作用。如 1793 年西欧国家开始在酒瓶上贴挂标签;1817 年英国药商行业规定对有毒物品的包装要有便于识别的印刷标签等。

(四)包装机械的发展

近代包装材料和包装技术的发展均与包装机械的发展密切相关,主要表现在印刷、造纸、玻璃和金属容器制造等生产机械的发展。近代包装本身已成为商品,但其本质上还足以适应被包装商品的特性,并作为使商品便于储存、保护及运输的附加手段。包装设计的功能性也主要基于这三个方面。

三、现代包装阶段

现代包装实质上是进入 20 世纪以后开始的。伴随着商品经济的全球化扩展和现代科学技术的高速发展,包装的发展也进入了全新时期,主要表现在如下几个方面。

(一)新的包装材料、容器和包装技术不断涌现

20 世纪初人类发明了性能稳定、易加工成型且成本低的酚醛塑料,随后又相继发明了氯乙烯和聚乙烯等塑料,并制成塑料瓶、塑料薄膜等广泛应用于包装的各种材料。20 世纪 50 年代后人类又发明了铝箔复合纸用于食品包装,以及合成纤维材料和多层复合材料、定向拉伸薄膜、吹塑瓶等包装材料,生产出了用于缓冲包装的发泡聚氨酯材料,发明了气体喷雾包装技术和真空及换气保鲜包装。20 世纪 80 年代后又出现了自热、自冷罐头包装……这些新材料和新技术均被迅速而广泛地应用于商品包装,足以说明包装的科学性和适用性有了更显著的提高。

(二)包装机械的多样化和自动化

经过第三次科技革命,电子、激光技术高速发展,包装机械朝着多样化、标准化和高速自动化的方向迅速发展,从而得以高效、高质量地生产各种各样的包装产品并节约大量的劳动力。

(三)包装印刷技术的进展

包装印刷主要有纸印刷、金属印刷(见图 2-27)和塑料印刷等。由于现代科学技术向印刷领域的渗透,印刷工艺包括印刷设备均有很大的进步。电子、激光技术使包装画面能高清晰度地再现,并大大加快了制版和印刷的速度,使包装产品得以高质量、快速度地生产。

(四)包装设计进一步科学化、现代化

20 世纪初,英国和美国的市场交易促进了销售包装的形成和发展,如英国的巧克力包装(见图 2-28)和美国的饼干包装,被公认为是现代销售包装的先驱。现代消费形态,逐渐由卖方市场转向买方市场,供大于求的现象使商品销售的竞争更趋激烈,超级市场的出现,又要求包装具有"无声推销员"的作用。因此,以包装作为促进销售的手段日益受到重视,促使了包装设计从理论到实践的进一步拓展和完善。这些主要表现在:重视并完善了包装以自然功能与社会功能有机结合的设计思想;包装定位设计理论及 CI 战略计划问世并指导设计;包装设计与包装新材料、新技术的有机结合;电脑进入包装设计领域,成为现代包装设计的神奇工具,加速了包装设计向现代化发展的步伐。

图 2-27　采用印铁技术的罐头包装

图 2-28　1868 年纸盒巧克力包装

(五)包装材料所衍生出的环境问题和绿色包装的倡导

由于商品包装是商品的附属品,它的使用寿命短,往往是一次性消费,对环境的影响越来越突出,人们也越来越呼唤绿色包装。倡导"绿色包装",使包装材料向无污染的方向发展,这是目前包装发展的潮流。

绿色设计也称为生态设计或环境意识设计,它是在产品整个生命周期内着重产品的环境属性(可拆卸性、可回收性、可维护性、可重复利用性等),并以此作为包装设计的标准。当今国际上公认的绿色包装的原则如下:

(1)实行包装减量化,包装在满足保护、方便、销售等功能的条件下,应用量少;

(2)包装应易于重复利用,易于回收再生;

(3)包装废弃物可以降解,不形成永久垃圾;

(4)包装材料对人体和生物应无毒、无害。

【思考题】

1. 通过本章的学习,你认为哪些条件促成了包装设计的发展?

2. 在包装设计中哪些方面能体现出设计师的环保意识?

第三章

包装的设计定位

学习目标

通过本章的学习，让学生了解设计定位的重要性和包装设计定位的目的。掌握定位设计和定位原则及包装设计定位的方法，继而能从准确的设计定位中找到设计的切入点。

学习要点

- 定位设计
- 定位原则

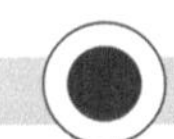

教学要求

教学中要求通过对定位设计中五个“W”的讲解，阐述设计定位的目的性与重要性。通过对定位设计和定位原则的讲解，要求学生掌握设计定位的方法。

包装的设计定位思想是一种具有战略眼光的设计指导方针，它出现在20世纪70年代初期，80年代初期曾在国内设计界产生过影响。然而，在整个营销观念、市场机制、经济发展和消费方式还没有与国际接轨的情况下，对设计定位思想的价值认定、理解和解释也各有不同。包装设计的定位思想基于这样一种认识：任何设计的目的性、针对性、功利性都伴随着它的局限性而降生。消极的回避、无奈的折中都不能解决问题，唯有遵循设计规律，强调设计固有的针对性，才能收到良好的效果。

发达国家提出了以五个“W”来标定产品设计的综合定位，即：什么东西(what)、为谁设计的(who)、什么时间(when)、什么地点(where)、为什么(why)。反映在包装中，第一个“W”指设计首先得告诉消费者，这是什么商品；第二个“W”指这种商品是卖给谁的；第三、第四个“W”提醒设计师不要忘了商品的时空定位；第五个“W”要设计师用视觉形象作出回答，为什么要这么设计。

“什么商品”是包装设计所要表达的第一要素。它不仅仅指设计师应该将该商品的所有信息，包括商品的内容、品牌、如何使用、怎样保存、重量、等级、成分、生产日期、批号及用完后的废弃处理等，用文字或图解有条不紊地表示出来，而且还应该调动一切艺术手段，用形和色作为设计语言来塑造富有艺术效果的商品形象。

“卖给谁”这一问题在商品经济落后的时期是不存在的，因为只要是好吃的、好用的，大家都会买，也没有挑选的余地。然而一旦经济发达、物资丰富、商业繁荣，消费中的群体特征和群体差别就会出现，在购买中，表现为日益明显的多样化、差别化要求。这一现象告诫企业家和设计师，主观地想要设计出一个人人都喜欢的包装，往往产生平庸而没有个性的作品。只有依照市场多样化、差别化的规律，针对某一消费群体的现实需求和潜在需求进行设计，才有可能在设计中“领导新潮流”，才有可能在“拥塞”的市场中抢滩登陆。

“什么时间”是设计的时间依据，是一种时间定位。每种商品、每种包装都有自己的生命周期。“适时”是包装设计的重要原则。不同的商品、不同的消费对象会有不同的“适时”原则。有的只追求附和流行的审美时尚，一时辉煌过后，不打算要有太持久的生命力；有的细水长流，追求一种相对持久的庄重，希望不要太受时尚左右。这些各有利弊，应依时而定。

“什么地点”是设计的地域依据。商品和包装也有自己的根据地。地域特色常常是文化特色的基础。所谓的“东甜西辣、南酸北咸”也不仅仅指口味的不同。

值得注意的是，地域和时间不是一成不变的，而是可以转换的。我们常说某地比某地落后了几十年，就是地域差造成的时间差。可见包装设计中机械地认为某地喜欢某色某形，而不作深入的比较研究不见得就是“适时”“适地”之举。

“为什么”除了用设计语言对上述四个条件作出明确回答外,更强调特有个性。因为在浩瀚的商品海洋中,同类商品相同的时空定位,针对同一层面的消费者绝不会只有一家。如果没有品牌特色,没有新的观念意识是难以满足人们的求新欲望和喜新厌旧的本能的。“为什么”强调了设计的差别化,要求设计师要有创新意识。多问几个这样的“为什么”,在明确包装定位的同时,缔造出包装艺术的新生命。

第一节　定位设计

定位设计是从英文“position design”直译过来的,是从 1969 年 6 月由美国著名营销专家里斯和屈特提出的定位理论——把商品定位在未来潜在顾客的心中——而得来的。商品包装通过定位设计取得了显著效果。国外把 20 世纪 70 年代的市场销售战略称为“定位战略”。20 世纪 80 年代,欧美的包装装潢设计专家来华交流时,详细介绍了定位设计的理论与方法,对我国包装设计的定位创作方向影响很大,被设计界普遍采用,并被越来越多的人认同,在商品的竞争中发挥了很大的作用。国外设计界对定位设计所下的定义为:产品定位是用来激励消费者在同类产品的竞争中,对本产品情有独钟的一个基本销售概念,是设计师通过市场调查,获得各种有关商品信息后,反复研究,正确把握消费者对产品与包装需求的基础上,确定设计的信息表现与形象表现的一种设计策略。在包装设计中要更多地考虑如何体现商品的人性化,以争取消费者为目标。设计定位的准确性与否将直接影响包装设计与开发的成败,设计师应充分意识到设计定位的重要性,使设计走向成功。现代包装的定位设计可分为品牌定位、产品定位、消费者定位和商品本身定位。

一、品牌定位

品牌定位一般着重于产品的品牌信息、品牌形象、品牌色彩的表现,主要应用于品牌知名度较高的产品包装设计上,它向消费者表明“我是谁”“我代表的是什么企业、什么品牌”。在包装设计的画面上,主要突出商品的标志或企业标志、品牌名称。如:“可口可乐”“百事可乐”“雀巢咖啡”“M&M 巧克力”“麦当劳”等。成功的品牌形象定位对营销商品至关重要。产品及企业的标志形象是经过注册,受法律保护的。产品一旦成为知名品牌,就会给企业带来巨大的无形资产和影响力,给消费者带来的是质量的保障和消费的信心。

二、产品定位

产品定位是指在包装上表明卖的是什么产品,使消费者迅速识别产品的属性、特点、用途、用法、档次等。产品定位又可具体分为:产品特色定位、产品功能定位、产地定位、纪念性定位和产品档次定位。

1. 产品特色定位

产品特色定位要突出产品与众不同的特色,就要以产品所具有的特色来创造一个独特的推销理由。把与同类产品相比较而得出的差别作为设计的突破点,这个差别就是产品特色,它能区别于其他同类产品,并在与同类产品的竞争中脱颖而出,引起消费者的兴趣和购买欲望,达到促进销售的目的。

2. 产品功能定位

产品功能定位就是强调产品不一般的功效和作用,并在包装上重点展示给消费者,使其与同类产品拉开距离,让消费者在消费这种商品时能获得生理和心理的满足。

3. 产地定位

产地定位是突出比较有特色的产地,以示产品的特质与正宗,多用于旅游纪念品、特产、香烟、茶叶、酒类等。

4.纪念性定位

产品包装为着重表现某种庆典活动、特殊节日、旅游活动、大型文化体育活动等进行的纪念性的设计，使消费者能留下有意义的回忆，并作为纪念品收藏。但这类设计一般会有时间、地点的局限。

5.产品档次定位

由于产品营销策略的不同及用途上的区别，每一类产品都有档次上的不同，设计者应该根据产品的不同价格来选择适当的包装设计。

三、消费者定位

包装设计应表明商品是“卖给谁”的、为谁服务的、为谁生产的，要让消费者一目了然。消费者定位是着力于特定消费对象的定位表现，主要应用于具有特定消费群体的产品包装设计，如年龄、性别、职业、特定使用者等，在处理上往往采用相应的消费者形象或以有关形象为主体的图形，加以典型性的表现。包装设计要考虑目标消费者的生理、心理特点。在视觉设计中要表现出产品的特性，根据地域、国家、民族的不同，结合风俗习惯、民族特色和喜好，进行有针对性的设计。消费者有着不同的文化背景、生活方式，这直接影响着他们的消费观，在包装设计中都应予以足够的重视和体现。

四、商品本身定位

商品本身定位是指在装潢设计中直接展示商品，对信息的传达有开门见山的效果，有助于消费者清晰、迅速地识别商品。

第二节　定位原则

在设计中，定位实际上是指设计师赋予设计要素以准确位置。设计定位的准确性将直接影响包装设计与开发的成败，设计师应充分意识定位的重要性，考虑诸多要素，从产品、商品与消费品的角度去考察包装设计定位，使设计走上成功之路。

一、产品、商品与消费品之间的概念转换

产品、商品与消费品，是产品在市场流通中不同阶段的特定含义。作为企业为满足人们需求而设计生产的具有一定用途的物质形态，在发生商品交换之前，称之为产品，当然这是对产品狭义的理解。一旦产品在不同的所有者之间进行了交换，就转换成商品。商品最后到达消费者手中，经过消费使用，最终转化成消费品。

二、确立完善的产品观

在竞争激烈的市场环境下，要想以最小的风险开发新包装，就得用定位的方法来强调所欲开发投市的包装的特征。包装定位得准确与否，将直接影响到包装投放到市场中的竞争力。一般而言，包装定位设计应考虑以下各要素：厂家的性质、设备、技术因素及生产规模等。具体说来，它包括以下几个方面。

(1)该厂家及包装在同行中的地位和竞争对手如何。

(2)包装的特征。它包括大小、结构、材料、造型、价格、质量等方面。

(3)包装的差异性。这是指不同厂家的包装在造型、形态、色彩、功能和质量等内在特点及外在特点的差异，以及因设计师强调的不同所造成的差异。

(4)包装所要求的精确性能。值得强调的是，包装定位必须首先对竞争产品的形象有足够的了解和研究，以便能够以不同于或超过竞争对手的包装突出自身产品特点。包装个性中务必考虑包装之间的差异定位，包括功能上、心理上及技术上的差异。包装只有达到消费者需要的差异性，才会造就市场销售的成功，产品才可经过交换转化为商品。

三、定位完善的商品观

在产品的商品化进程中，设计活动只能围绕市场来定位。当然，不同的设计活动，有着各自的不同方向，在定位中有所侧重，但前提是进入市场。包装设计定位的商品观，是指以市场为准绳，展开分析，使设计目标清晰化，从而确定最终的商品定位。因此，要寻找定位方式可以从下面几个方面着手。

(1)商品的属性　包括品牌、商标、价格和重量等。

(2)商品的包装策略　除考虑包装的基本功能外，更应关注商品的货架效应。

(3)商品的销售渠道　产品要经过中间商(代理商、批发商等)才能与消费者见面，商品化过程一般离不开销售渠道定位。

(4)商品销售场所和方式　即商品是在超市的货架上，还是在一般商店的柜台或橱窗里等。

(5)商品的陈列方式　即商品是在特定的销售点陈列，还是按厂家分开陈列或按类别混在一起陈列。

四、设计定位的消费观

作为包装最根本的属性是使用价值，包装的商品化不是设计最终的目的，设计的最终目的应是为广大消费者提供称心如意的消费品。消费品的好坏将直接影响以后的购买行为。包装设计定位的消费观实质上是指从消费者角度出发，分析消费行为和特征，从而确定包装定位。从消费的角度去考虑，可以从以下几个方面着手。

(1)消费对象　包括消费者的性别、年龄、身份、职业和文化程度等。

(2)消费者的经济状况　将直接影响购买力及购买商品的档次。

(3)消费方式　考虑是否有集团性消费。

(4)消费的地域性　考虑地理位置、气候、节日、社会习俗和宗教信仰等。

虽然包装设计定位要考虑的因素还来自其他方面，如政策与定位、设计家与定位等，但通过包装在市场流通中不同职能的转化所具备的要素去分析，将使包装设计在市场中发挥其应有的价值。

【思考题】

1. 谈谈包装的设计定位思想在包装设计中的重要性。

2. 产品的包装设计定位与生产企业品牌定位两者之间的关系是怎样的？

第四章

包装材料及包装造型

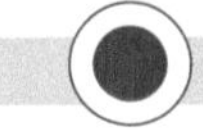

学习目标

通过对本章的学习，让学生对包装材料和造型有较为全面的了解。本章在包装材料中着重介绍了纸材，这也是学习的重点。了解各种材料的特性，有助于选择最适合商品保护要求的材料进行包装设计，进而达到保护商品的功能。

学习要点

- 包装材料
- 包装造型

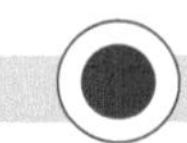

教学要求

教学中要求结合课堂实践的可实施性重点讲解纸材，要求学生重点掌握。同时结合理论知识，让学生深入生活，寻找各种不同的包装材料和造型容器，加深对知识的理解。

第一节 包装材料

包装材料是包装工业的基础，无论何种商品的包装都离不开纸、塑料、玻璃、金属、布、木等一些可以运用的各种材料。对包装材料的研究和合理使用，是包装设计工作的一个重要组成部分。它不仅关系到产品包装质量，而且对于有效地利用资源、节约能耗、降低成本、保护环境都具有十分重要的意义。现代商品包装材料的四大支柱——纸、塑料、金属、玻璃——都有了较快的发展，其中以纸制品的产量增长最快，其他多种材料也广泛应用在包装行业。

一、纸材

纸张由植物纤维、填料、胶料、色料等制成。纸质松软，极易切割，黏结；折叠性能强，既方便加工，又利于堆放储存，节约空间；纸的材质轻、规格统一，便于印刷清晰，容易达到印刷要求的质量。

按照国际标准化组织 ISO 的规定，原则上把定量小于 225 g/m^2 的纸页称纸张，定量大于 225 g/m^2 的纸页称纸板，只有极少数例外者。我国也使用这个标准。

通用的包装用纸有以下几种。

(1)白板纸　白板纸有灰底与白底两种，质地坚固厚实、纸面平滑，具有较好的挺力强度、表面强度、耐折和印刷适应性，适用于做折叠盒，也可以用于制作腰箍、吊牌、衬板及吸塑包装的底托。由于它的价格较低，用途广泛。

(2)铜版纸　铜版纸分单面和双面两种。铜版纸主要采用木、棉纤维等高级原料精制而成。每平方米 30～300 g，250 g 以上称为铜版白卡。纸面涂有一层白色颜料、黏合剂及各种辅助添加剂制成的涂料，经超级压光，纸面洁白、平滑度高、黏着力大、防水性强。油墨印上去后能透出光亮的白底，适用于多色套版印刷。印后色彩鲜艳、层次变化丰富、图形清晰，适用于印刷礼品盒和出口产品包装及吊牌。克重低的薄铜版纸适用于盒面纸、瓶贴、罐头贴和产品样本。

(3)牛皮纸　牛皮纸本身的灰色赋予它朴实感，因此只要印上一套色，就能表现出它的内在魅力。由于它价格低廉、经济实惠，设计师都喜欢选用牛皮纸作为包装袋的材料。

(4)胶版纸　胶版纸有单面与双面之别，含少量的棉花与木纤维，纸面洁白、光滑，但白度、紧密度、光滑度均低于铜版纸。它适用于单色凸印与胶印，如信纸、信封、产品使用说明书和标签等。在用于彩印的时候，会使印刷品暗淡失色。它可印刷简单的图形文字后与黄板纸裱糊制盒，也可以用机器制成密瓦楞纸，置于小盒内作衬垫。

(5)艺术纸　艺术纸是一种表面带有各种凹凸花纹肌理的、色彩丰富的艺术纸张。加工工艺特殊，因此价格昂贵，一般只用于高档的礼品包装。由于其纸张表面的凹凸纹理，印刷时易造成油墨不实，不适于彩色胶印。

(6)再生纸　再生纸是一种绿色环保纸张，纸疏松、价格低廉。由于它具备这些优点，是今后包装用纸的主要方向。

(7)卡纸　卡纸有白卡纸与玻璃卡纸两种。白卡纸纸质坚挺、洁白平滑。玻璃卡纸纸面富有光泽，其中有象牙纹路的玻璃面象牙卡纸比较昂贵，多用于礼品盒、化妆盒、酒盒、吊牌等高档产品包装。

(8)油封纸　油封纸可用在包装的内层，对易受潮变质的商品具有一定的防潮、防锈作用，常用于糖果、饼干外盒的外层保护纸，可用蜡封口和开启。对日用五金等产品则常常加油封纸作为贴体衬以防锈蚀。

(9)铝箔纸　铝箔纸用于高档产品包装的内衬纸，可以通过凹凸印刷，产生凹凸花纹，增加立体感和富丽感，同时起到防潮的作用。它还具有特殊的防紫外线的保护作用、耐高温、保护商品原味和阻气效果好等优点，可延长商品的寿命。铝箔还被制成复合材料，广泛应用于新包装。

(10)瓦楞纸　它的用途广泛，可以用做运输包装或普通包装。瓦楞纸是通过瓦楞机加热，压有凹凸瓦楞形的纸。根据楞凹凸的大小，分为细瓦楞与粗瓦楞。一般凹凸深度为 3 mm 的为细瓦楞，常直接用做玻璃器皿的挡隔纸，起防震的作用。凹凸深度为 5 mm 左右的为粗瓦楞纸。根据质量的需要也可以裱成双层瓦楞(两层瓦楞中是一层黄板纸，上、下两层是牛皮纸或者是黄板纸)。瓦楞纸非常坚固且轻巧，能载重耐压，还可防震、防潮，便于运输。

(11)黄板纸　黄板纸以稻草浆为原料制成，其厚度为 1～3 mm，有较好的挺力强度。但表面粗糙，不能直接印刷，必须要有先印好的铜版纸或胶版纸裱糊在外面，才能得到装潢效果，多用于日记本、讲义夹、文教用品的面壳、内衬和低档产品的包装盒。

(12)毛边纸　毛边纸纸质薄而松软，呈淡淡的黄色，具有抗水性能和吸墨性能等。毛边纸只适合单面印刷，主要用于古装书籍的印刷。

二、塑料

塑料的种类很多，是包装中常见的一种材料。通常根据塑料性能可分为热性塑料和热固性塑料两类。前者受热软化，不能反复塑制，如酚醛塑料、氨基塑料等。塑料一般质轻、绝缘、耐腐蚀、经济、美观、易于成型加工。它的适应性强，可根据产品需要，被制成形态、色彩、质感、厚度、软硬、透明程度不同的包装或容器，使制品具有艺术美感。

聚乙烯薄膜在包装行业中应用最广泛。它可以制成极薄的包装膜，用于制作包装袋。这种薄膜包装袋抗撕裂强度高，同时具有高结晶度，故能防止所包物品香味的损失。它也可以制成收缩薄膜，对物品进行收缩包装等。此外，它的抗拉强度大，即使是很薄的薄膜依然具有很大的抗拉强度。

复合膜是由双层和三层以上的塑料复合制成的，包括气垫薄膜、复合软包装材料、徒步包装材料、BOPP 复合膜、饮料软包装、方便面盖。其强度高、耐油性好、气密性好、化学稳定性高、加工性能好、耐光性好、抗静电性好，印刷性、贴合性都较好。因而用于食品、糖果、水产品、肉制品及医药品等防潮、保鲜包装(见图 4-1)。

图 4-1　此塑料材质包装是一款茶的包装，茶包采用无毒的耐高温塑料制成，造型新颖别致，为品茶增添了些许新意与情趣

三、金属

金属具有硬度高、牢固、抗压、不透气、防潮、防晒的特点。金属包装的历史悠久，是包装工业领域中重要的门类，主要为各种食品、油脂化工、日用化学、医疗卫生、文教用品等相关行业配套包装服务。金属主要有铁皮、镀锡薄板、涂料铁、铝合金制品。(见图 4-2 和图 4-3)

图 4-2　金属材质包装示例一

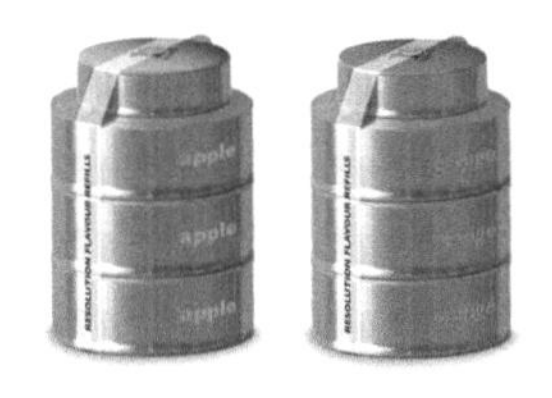

图 4-3　金属材质包装示例二

厚度在 0.02 mm 左右的铝片称为铝箔。铝箔可制成铝箔容器，铝箔容器在食品包装方面应用得很多，同时广泛用于医药、化妆品等工业产品的包装。铝箔的特点是质轻、外表美观；传热性能好，既可高温加热又能低温冷冻，能承受温度的急剧变化；加工性能好。它还可以用于彩色印刷，开启方便，使用后易处理。

马口铁多用于罐头、饼干盒、茶叶听装等包装，具有美观、轻便、抗压、防震、防潮等特点，是商品销售理想的包装材料。

四、玻璃、陶瓷

玻璃表面平滑、坚硬、抗压、不透气、耐高温，光学性能和化学性能稳定，但易被碰碎。玻璃可划分为单质玻璃、有机玻璃、无机玻璃。玻璃包装主要适用于饮料、食品、医药、化工等行业。(见图 4-4)

陶瓷是陶器、瓷器的总称，是我国传统的包装容器材料，易破损。陶器为多孔、不透明的非玻璃质，通常上釉，也有不上釉的。细密的瓷器质硬、半透明、发声清脆、无孔，主要用于酒类包装。(见图 4-5)

4-4　玻璃材质包装

图 4-5　瓷质包装

五、复合材料

复合材料是用两种或两种以上不同性能、不同形态的组分材料通过复合手段而成的一种多相材料。它既保持了原组分材料的主要特点，又具备了原组分材料所不具备的新性能，可按照各种具体要求进行材料设计。复合材料的强度高，耐疲劳性能好，减震性好，安全性高，可适用于长期负荷条件。

六、自然材料及仿自然材料

自然材料是包装材料的起源，是一种最原始的材料形式，同时也是最为环保的一种形式之一。在强调绿色设计和绿色包装的今天，自然材料及仿自然材料的包装形式越来越受到消费者的推崇。如木、竹、草、叶等自然材料及仿自然材料，通常用于地方特色较浓的产品包装，给人以自然、质朴、怀旧之感。(见图 4-6 至图 4-13)

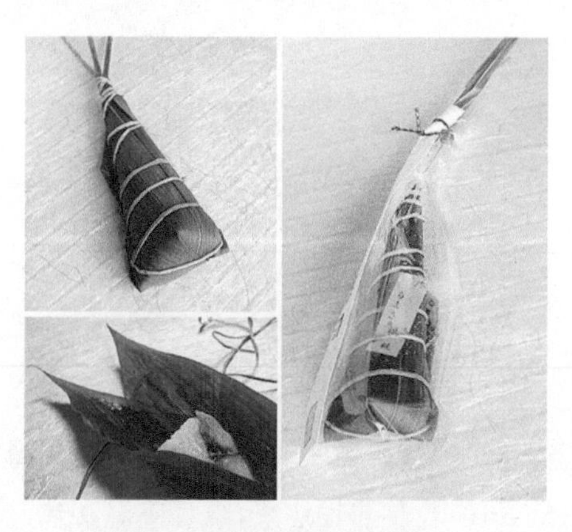

图 4-6　自然材质包装示例一

图 4-7　自然材质包装示例二

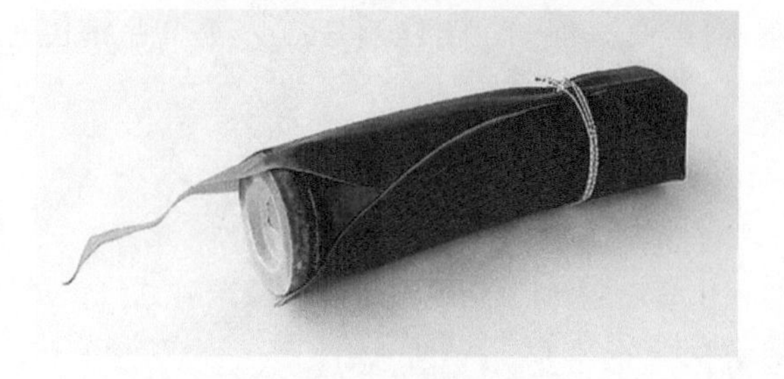

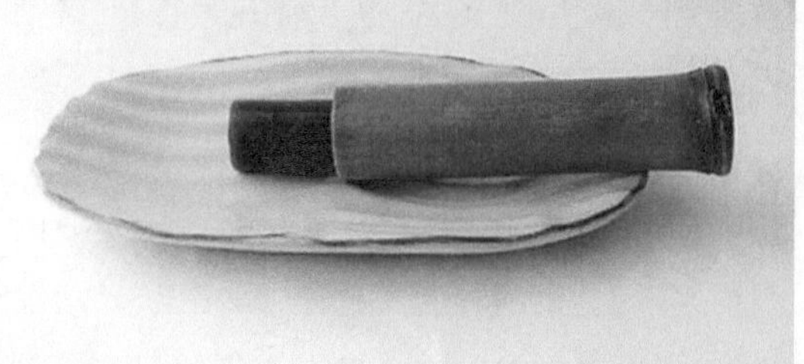

图 4-8　自然材质包装示例三

图 4-9 自然材质包装示例四

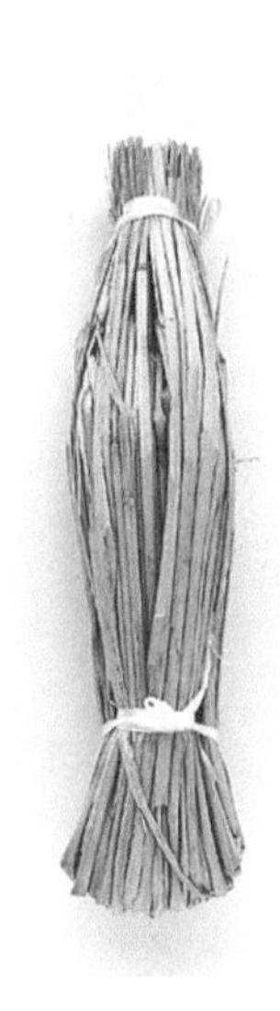

图 4-10 自然材质包装示例五

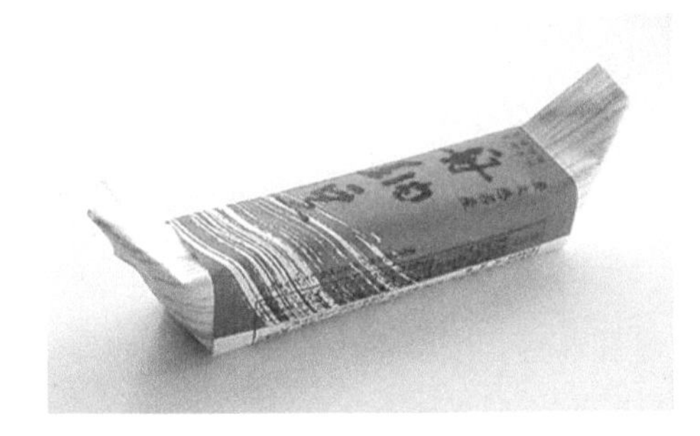
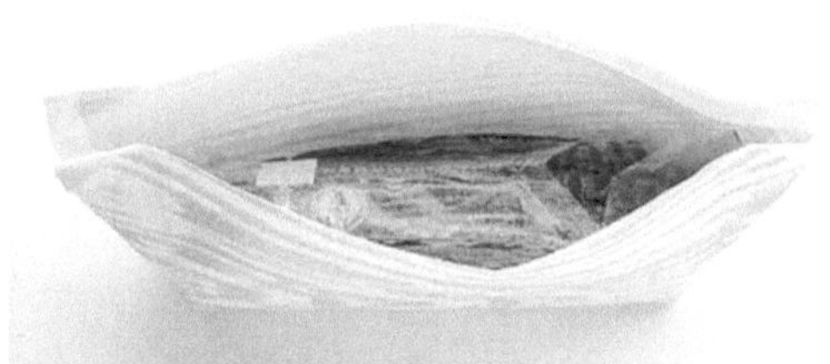

图 4-11 仿自然材质包装示例一

图 4-12 仿自然材质包装示例二

图 4-13　仿自然材质包装示例三

第二节　包装造型

一、包装袋

包装袋用于运输包装、商业包装、内装、外装,因而使用较为广泛。包装袋一般可分为以下几种。

(一)集装袋

这是一种大容积的运输包装袋,盛装质量在 1 t 以上。集装袋的顶部一般装有金属吊架或吊环等,便于铲车或起重机的吊装、搬运,卸货时可打开袋底的卸货孔,即行卸货。集装袋使用非常方便,适于装运颗粒状、粉状的货物。

集装袋一般多用聚丙烯、聚乙烯等聚酯纤维纺织而成。集装袋装卸货物、搬运都很方便,装卸效率很高,因此发展很快。

图 4-14 所示为顶吊型防漏集装袋。

(二)一般运输包物袋

这类包装袋的盛装质量是 20～30 kg,大部分是由植物纤维或合成树脂纤维纺织而成的织物袋,或者由几层韧性材料构成的多层材料包装袋,例如麻袋、草袋等,主要包装粉状、粒状和个体小的货物。(见图 4-15 和图 4-16)

图 4-14　顶吊型防漏集装袋

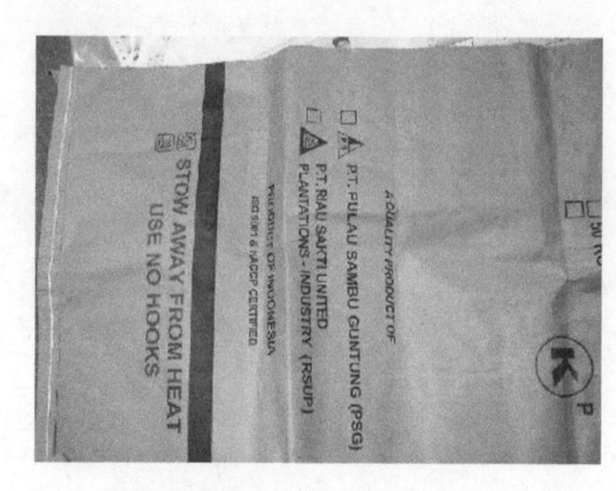

图 4-15　牛皮纸包装袋

图 4-16　编织包装袋

(三)小型包装袋(或称普通包装袋)

这类包装袋盛装质量较轻,通常用单层材料或双层材料制成。对某些具有特殊要求的包装袋也有用多层不同材料复合而成的。包装适用范围较广,液状、粉状、块状和异形等都可采用这种包装。

上述几种包装袋中,集装袋适于运输包装;一般运输包装袋适于外包装及运输包装;小型包装袋适于内装、个装和商业包装。

二、包装盒

包装盒介于刚性包装和柔性包装之间。包装材料有一定韧性且不易变形,有较高的抗压强度,刚性高于袋装材料。包装结构是规则几何形状的立方体,也可裁制成其他形状,如圆盒状、尖角状;一般容量较小;有开闭装置。包装操作一般采用码入或装填,然后将开闭装置闭合。由于包装盒整体强度不大,包装量也不大,不适合做运输包装,而适合做商业包装、内包装,且适合包装块状及各种异形物品。

三、包装箱

包装箱是刚性包装技术中的重要一类。包装材料为刚性或半刚性,有较高强度且不易变形,包装结构和包装盒相同,只是容积、外形都大于包装盒。包装操作主要为码放。由于包装箱整体强度较高,抗变形能力强且包装量较大,适合做运输包装、外包装,主要用于固体杂货包装。包装箱主要有以下几种。

1. 瓦楞纸箱

瓦楞纸箱(见图 4-17)通常作为运输包装,其特点是轻便、抗震、成本低、便于回收。

2. 木箱

木箱(见图 4-18)主要用于大型机器、贵重物品的包装,其特点是防震、抗压。随着人类环保意识的增强,木材的使用逐渐减少,木材包装多为其他材料替代。

图 4-17 瓦楞纸箱

图 4-18 木箱

3. 塑料箱

塑料箱(见图 4-19)一般用做小型运输包装容器,其优点是:自重轻、耐蚀性好、整体性强,强度和耐用性能满足反复使用的要求,可制成多种色彩以对装载物分类,手握搬运方便。

4. 集装箱

集装箱(见图 4-20)是由钢材或铝材制成的大容积物流装运设备。从包装角度看,它可归属于运输包装的大型包装箱类别之中,也是可反复使用的周转型包装。

图 4-19 塑料周转箱

图 4-20 集装箱

四、包装瓶

包装瓶按其使用的材料不同有刚性、韧性之分。刚性瓶挺拔、质感好，但易碎，如玻璃瓶（见图 4-21）、陶瓷瓶。韧性瓶多为塑料瓶（见图 4-22），在受外力时可发生一定程度变形，外力一旦撤除，则可恢复原来瓶形。包装瓶结构是瓶颈口径小于瓶身，且在瓶颈顶部开口；包装瓶包装量一般不大，主要用于液体、粉状物的商业包装、内包装。包装瓶按外形可分为圆瓶、方瓶，高瓶、矮瓶、异形瓶等若干种。瓶口与瓶盖的封盖方式有螺纹式、凸耳式、齿冠式、包封式等。

图 4-21 玻璃瓶

图 4-22 塑料瓶

五、包装罐(筒)

包装罐（筒）是刚性包装的一种，罐（筒）身各处横截面形状大致相同、罐（筒）颈短、罐（筒）颈内径比罐（筒）身内径稍小或无罐（筒）颈。包装材料强度较高，罐（筒）体抗变形能力强。包装操作是装填操作，然后将罐（筒）口封闭，可做运输包装、外包装，也可做商业包装、内包装用。（见图 4-23）

六、购物袋

购物袋设置有手提功能，要求强度高，须印刷，一般用牛皮纸制成，在提手外设有加强筋，也可采用铜版纸（涂布胶版印刷纸）制成，经彩印装潢以后美观大方，可反复多次使用。（见图 4-24 和图 4-25）

图 4-23　塑料包装罐(筒)

图 4-24　牛皮纸购物袋

图 4-25　塑料购物袋

【思考题】

1. 如何理解在包装设计中材料与造型的关系。
2. 在包装设计中选择造型类别的关键是什么？

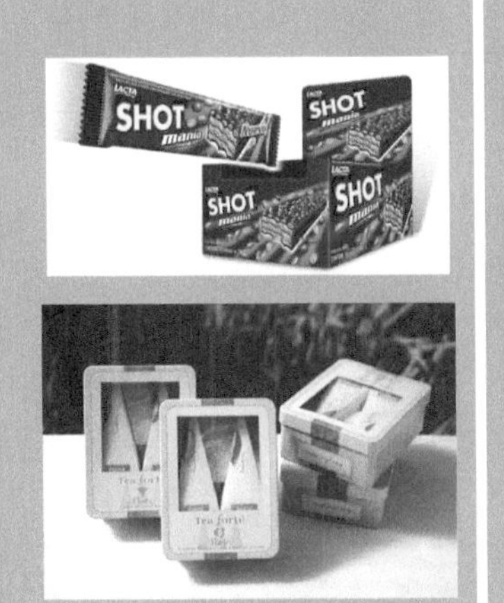

第五章

纸盒包装结构设计

学习目标

本章是包装设计学习的重点，详细讲解了纸盒包装结构设计的相关内容，形象地阐述了折叠纸盒设计和固定纸盒设计各个组成部分及造型设计的方法。通过对本章的学习，要求学生对纸盒包装有较为系统和全面的认识，同时还能针对不同的商品需求，独立完成纸盒包装结构设计任务。

学习要点

- 纸盒包装结构概述
- 折叠纸盒设计
- 固定纸盒设计
- 纸盒造型设计
- 纸盒结构设计的方法

教学要求

教学中要求教师强调学生的动手制作能力。在理论部分一定要结合图例进行讲解，这样有助于学生对理论知识的理解和记忆。在实践动手制作阶段，学生要有一个学习制作的过程，所以需要在课堂练习中设计一个临摹的环节，通过临摹一些优秀的纸盒包装结构设计，让学生去体会和感受纸盒包装结构设计精妙之处，同时学会制作的方法。

第一节　纸盒包装结构概述

一、纸盒包装容器的特点

纸盒包装容器的刚性、密封性、抗湿性较差，对液体或密封性要求较高的商品，纸盒容器常作为中包装或外包装使用。纸盒包装容器已广泛地应用于食品、医药、日用品、文教用品、化妆品、工艺品、电子、仪表、工具器材等较多商品的包装，且随着强化、压光覆膜等技术的进一步发展，纸盒包装容器的使用范围将会不断扩大。纸盒包装容器的特点如下：

(1)纸材规格品种多，辅助材料少，加工费用低；

(2)纸材质量轻、缓冲性能好，适用折叠成型，具有一定的强度；

(3)复用性好，可以回收再生，不会给环境造成危害，是首选的绿色包装；

(4)纸材具有优良的加工性能，加工过程简单，易于实现自动化；

(5)造型多种多样，具有优良的印刷、装潢性能，精美的纸容器可提高商品附加值，促进销售；

(6)展示、陈列性强，有良好的货架效果；

(7)填装、存储、运输方便，流通费用低。

二、纸盒包装结构设计的基本准则

1. 方便实用性准则

纸材料包装结构设计，尤其是折叠式纸盒的造型结构必须方便存储、流通、陈列、销售、携带与使用。现代包装更加讲究携带的方便，因而手提式包装在酒类、服装、食品、玩具等商品上的应用十分普遍。为方便存储与流通，外包装一般采用立方体形式，即使个体包装的形状为不规则的几何形，也要考虑使其组合成为规则的立方体进行包装。

2. 保护性准则

保护性是纸材包装结构设计的关键问题。设计的纸容器包装本身要结构牢固，有较好的耐冲击性和抗压性能，有的商品还要求包装盒具有良好的防潮、防蚀等性能。为此，除了正确选择包装材料外，还要考虑合理的盒内商品排列定位的方式、合适的分隔件、缓冲内衬及科学的造型结构。

3. 合理性准则

纸盒包装结构设计应追求材料、造型与结构的科学性、合理性。设计师需要用到力学、数学、物理学、化学等知识，达到质量轻、材料省、强度好的效果，即用较少的包装材料、较合理的形体、较大的容量面积比、较低的成本，保证纸容器包装具有足够的保护功能。

4. 创新性准则

现代商业社会的商品种类繁多，造型也不断变化，推陈出新。纸容器结构的创新变化标新立异，往往给人带来新奇与美感。同等价格与质量的商品，其包装结构设计的美、简、雅，直接刺激着消费者的心理，在一定程度上可以决定商品竞争的结果。但是过分烦琐的造型设计也不可取。创新设计的关键是要体现其个性，还要与商品价值协调平衡，与消费者购买能力相适应，并顾及实用性。

三、纸盒包装结构设计的基本依据

1. 依据商品的特有性质

每类商品都具有自身特有的性质，如耐热性、耐湿性、脆性、易燃性、防蚀、防霉等。此外，对商品的质量、重心位置等都应认真考虑，采取相应的对策，设计合理的结构，采用合适的纸容器包装类型。

2. 依据商品的特有形态

应根据商品的物质形态，如液体、固体，膏状、块状、颗粒、粉末状等，选择或设计纸容器材料和结构造型。纸结构应尽量适合内装商品的特性与形状，排列合理、紧凑，以节省原材料，降低包装成本。

3. 依据商品销售定位的特点

每一种商品都有一定的消费对象和销售市场，具有不同的用途，所以纸盒的结构造型应该有所区别。消费者的心理随年龄、职业、民族、地域、宗教信仰的不同而变化，导致装潢的风格或华丽或淡雅，或鲜艳或素净，结构的造型或新潮或古朴，或复杂或简练，所以设计师对此要深入了解。

4. 依据商品储运的特点

商品包装会遇到不同的运输环境与条件，如运输路线，路途远近，空运、陆运、水运，仓库条件、运输工具、气候因素等，这些都会影响到纸盒的材料、结构形式、规格尺寸的选择设计，必须要认真加以考虑。

四、纸盒包装结构造型设计原则

1. 纸质材料的选择原则

应当选择符合包装对象保护功能所需要的并符合产品档次的纸材，符合包装印刷工艺要求并合适产品价格档次的纸材。

2. 纸容器的结构原则

在纸容器包装结构设计中，应当设计出能充分发挥纸质强度，有利于加工成型且能起到对商品的保护作用。结构应该有利于包装运输，有利于产品包装的工艺流程，有利于消费者使用，有利于创造形式的科学合理。

3. 包装造型的选择原则

包装造型应当具有突出商品个性、新颖、美观等优点。

4. 明确商品特点原则

明确商品的特点、销售对象和使用方法，考虑产品数量与体量的分配。

第二节　折叠纸盒设计

一、折叠纸盒的定义

折叠纸盒由厚度为 0.3～1.1 mm 的耐折纸板制造而成。厚度小于 0.3 mm 的纸板制造的折叠纸盒的刚度不能满足要求，而厚度大于 1.1 mm 的纸板在一般折叠纸盒加工设备上难以获得满意的压痕。折叠纸盒在装运商品之间可以平板状折叠堆码进行运输和存储。

二、折叠纸盒的优、缺点

1. 优点

(1)折叠纸盒成本低，强度较好，具有良好的展示效果，适宜大、中批量生产。固定(粘贴)纸盒只能小批量生产。

(2)折叠纸盒与固定纸盒相比，占用的空间小，运输、仓储等流通成本低廉。

(3)折叠纸盒在包装机械上的生产效率高，可以实现自动张盒、装填、折盖、封口、集装、堆码等。

(4)折叠纸盒结构变化多，能进行盒内间壁、摇盖延伸、开窗、POP 展示等多种新颖的结构处理。

2. 缺点

(1)强度较固定纸盒和等刚度的容器低，一般只能包装 1～2.5 kg 的轻型内装物，最大盒型尺寸一般只能是 300 mm。但瓦楞纸盒和厚度大于 1.1 mm 的硬纸板制成的纸盒的容量及盒型尺寸可以增大。

(2)外观质地不够高贵、华丽，不宜做贵重礼品包装。

三、纸盒包装结构展开图各部位名称

纸盒包装结构展开图各部位名称如图 5-1 所示。

四、管式折叠纸盒

按管式折叠纸盒结构及成型特点，将管式折叠纸盒定义为：将纸板按设计要求切裁、压痕后，盒体板沿周向依次旋转成型，纵接缝黏合或钉合连接，盒盖、盒底用与体板相连的襟片，按一定的结构形式封合的折叠纸盒。（见图5-2）

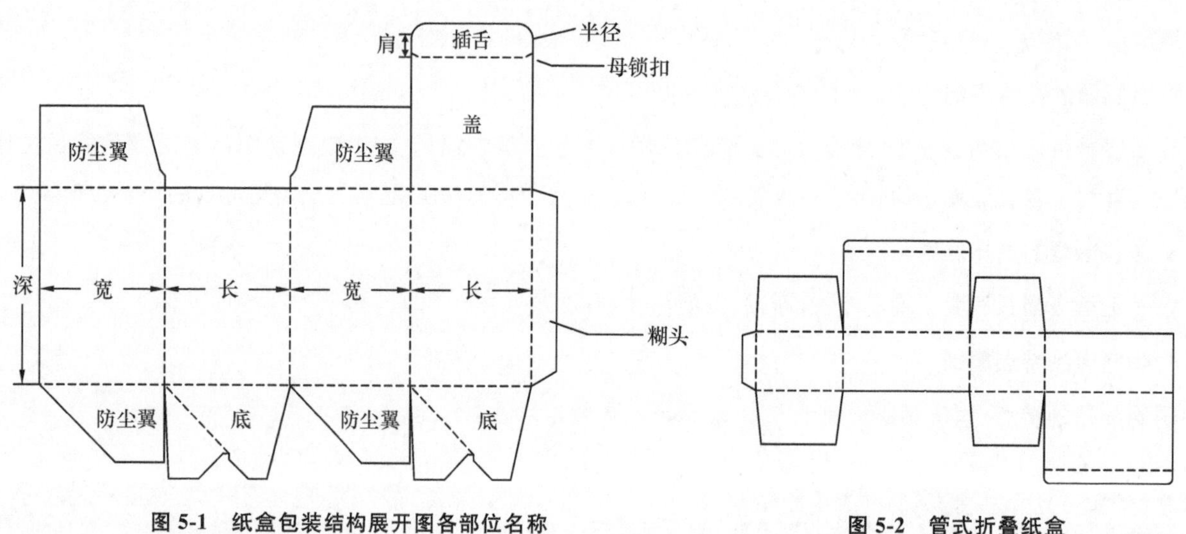

图 5-1　纸盒包装结构展开图各部位名称

图 5-2　管式折叠纸盒

显然，管式折叠纸盒盒体呈管状。截面形状多为三角形、方形、长方形、六方形等多边形，变化较少；而盒盖、盒底结构采用襟片组合封盖，变化相对较多，并可实现某些功能设计。

(一)管式折叠纸盒的局部结构设计

各个部位大概的尺寸范围如图 5-3 所示。

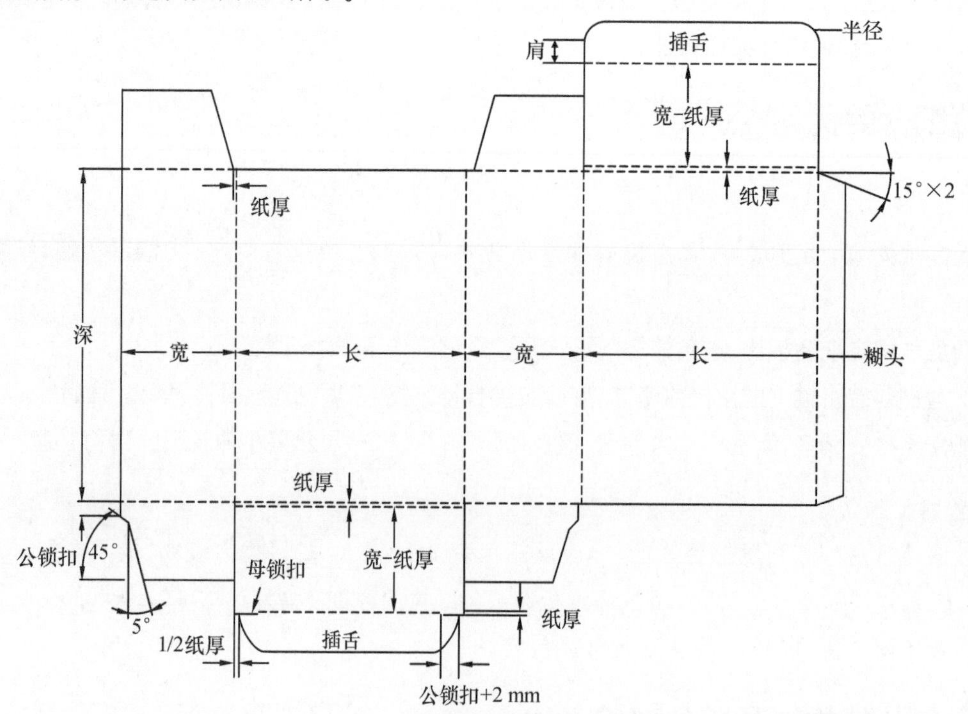

图 5-3　管式折叠纸盒的局部结构图

盒长

盒宽

盒深

糊头　尺寸可为 1.0～1.6 cm。

插舌　当盒宽尺寸为 1.6～2.0 cm 时，插舌应为 1.0 cm；

当盒宽尺寸为 2.0～2.4 cm 时，插舌应为 1.3 cm；

当盒宽尺寸为 2.4～3.8 cm 时，插舌应为 1.6 cm；

当盒宽尺寸为 3.8～5.7 cm 时，插舌应为 2.0 cm；

当盒宽尺寸为 5.7～10.8 cm 时，插舌应为 2.2 cm。

肩　当盒宽尺寸为 2.0～3.0 cm 时，肩应为 0.3 cm；

当盒宽尺寸为 3.0～6.0 cm 时，肩应为 0.5 cm；

当盒宽尺寸为 6.0～12.0 cm 时，肩应为 0.7 cm。

半径　等于插舌减去肩。

母锁扣　比肩(公锁扣)长约 0.2 cm。

防尘翼　可为 1/2 宽加上 1/2 插舌，可多于或少于此尺寸，完全视需要而定，但不得大于 1/2 长，不然左右两片会重叠在一起。

(二)封口插舌翼片设计

1. 摩擦锁定封口插舌翼片设计

图 5-4 所示是常用的摩擦锁定封口插舌翼片的细节设计。该设计没有缩进，只有一个尺寸可变化的翼肩，用于保持插舌的恰当连接所需要的摩擦力。

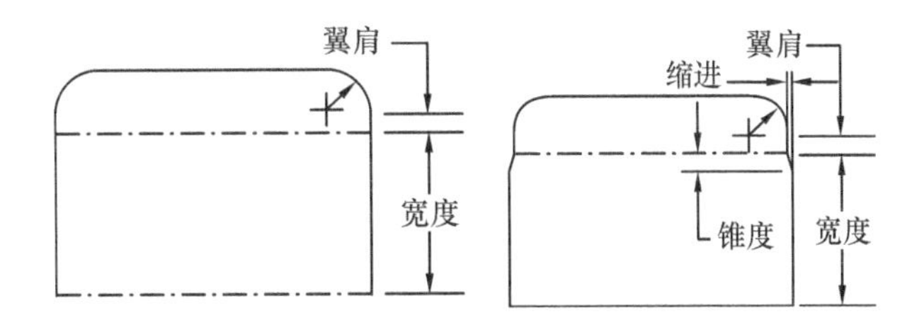

图 5-4　摩擦锁定封口插舌翼片的细节设计

这种形式不常用，但是对于使用非常厚重的纸板制成的硬纸盒，使用缩进可以减少扭曲或撕裂拐角折叠刻痕的倾向。

2. 切缝锁定封口插舌翼片设计

图 5-5(a)所示为通用的切缝锁定封口插舌翼片的细节设计，插舌边缘有缩进(缩进量为纸材的厚度)但没有肩，插舌的弧度起始于切缝的外边沿。

图 5-5(b)所示插舌翼片的结构尽管与图 5-5(a)所示类似，但在插舌翼片的外边沿没有缩进。这种变化形式对于使用克重很小的纸板制成的纸盒是一种可以考虑的选择，这时若缩进将带来超过所需的空隙。

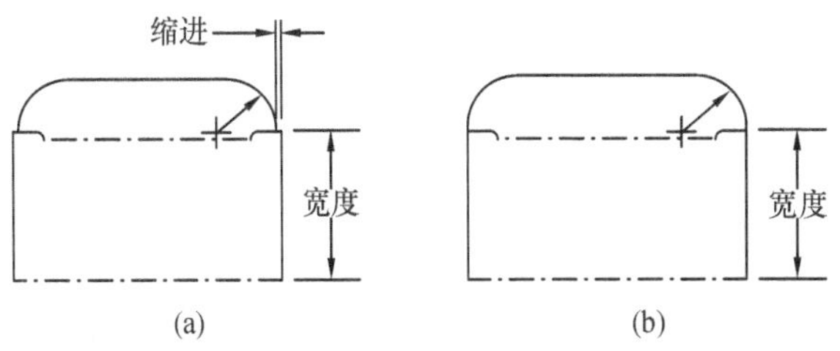

图 5-5　切缝锁定封口插舌翼片设计

3. 开槽锁定封口插舌翼片设计

对克重较大的纸板或小瓦楞纸板，开槽锁定设计比切缝锁定方式更适用。值得注意的是，采用这种设计方式时，面板宽度缩进值须根据板厚变化(见图 5-6)。

(三)插舌翼片闭合的封口副翼设计

1. 摩擦锁定的封口副翼设计变化 1(见图 5-7)

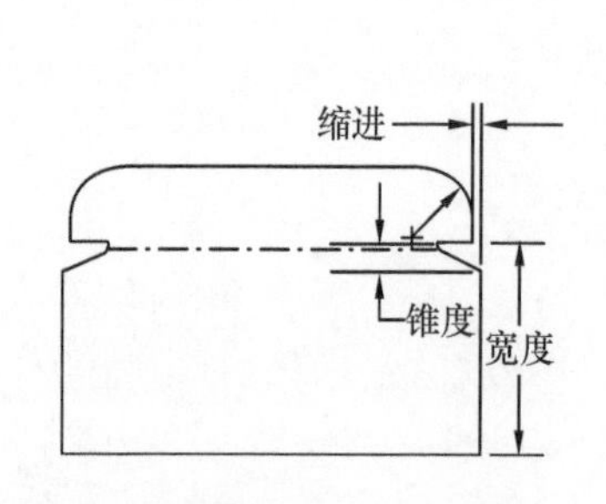

图 5-6　开槽锁定封口插舌翼片设计

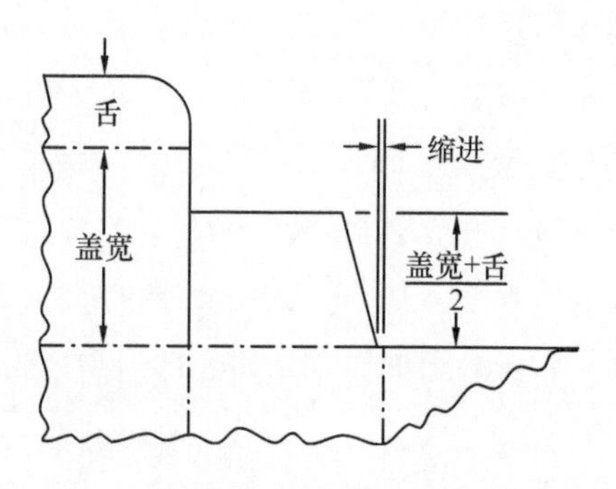

图 5-7　摩擦锁定的封口副翼设计 1

2. 摩擦锁定的封口副翼设计 2(见图 5-8)

3. 用于较大克重纸板的封口副翼设计

对克重较大的纸板，防尘翼(封口副翼)的刻痕应有一定的偏移，以避免拐角扭曲或撕裂刻痕。偏移量一般为纸板厚。偏移防尘翼(封口副翼)刻痕时，如图 5-9 所示，普遍采用勾画前面板的自由边的做法。

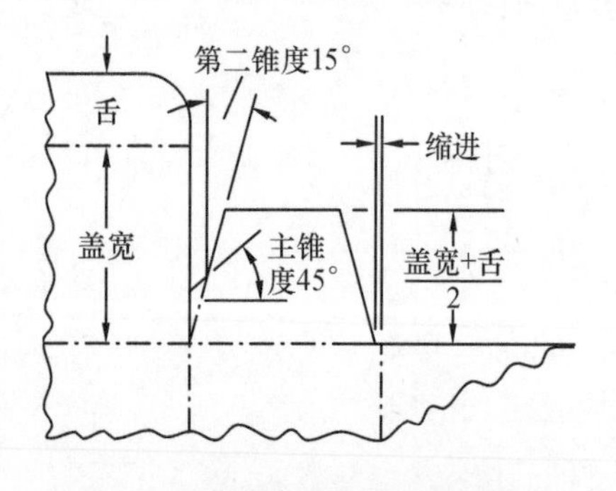

图 5-8　摩擦锁定的封口副翼设计 2

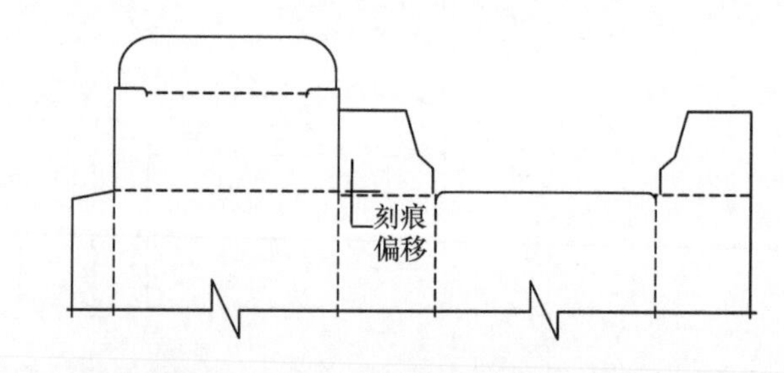

图 5-9　较大克重纸板的封口副翼设计

(四)管式折叠纸盒的盒盖结构

盒盖的结构必须便于内装物的装填和取出，且装入后不易开启，从而起到保护作用，但在使用中又要便于消费者开启。

1. 插入式

插入式盒盖(见图 5-10)只有三个摇翼，主摇翼适当伸长，封盖时插入盒体。它具有再封盖作用，一是便于消费者购买前打开观察，二是便于多次开启。

2. 锁口式

锁口式结构(见图 5-11)是主盖板的锁头或锁头群插入相对盖板的锁孔内。其特点是封口较牢固，但开启稍显不便。

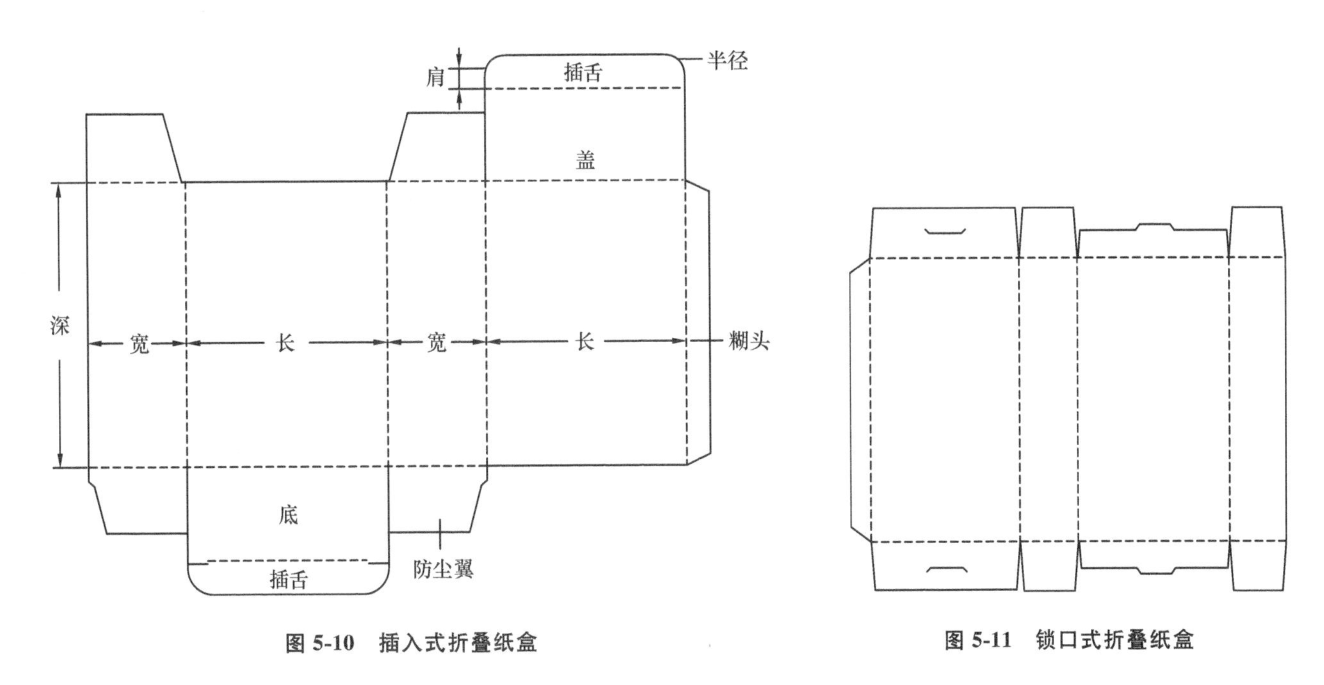

图 5-10 插入式折叠纸盒

图 5-11 锁口式折叠纸盒

3. 插锁式

插锁式(见图 5-12)是插入式与锁口式的结合封口结构,封口强度较高,适于较重内装物的纸盒结构设计。

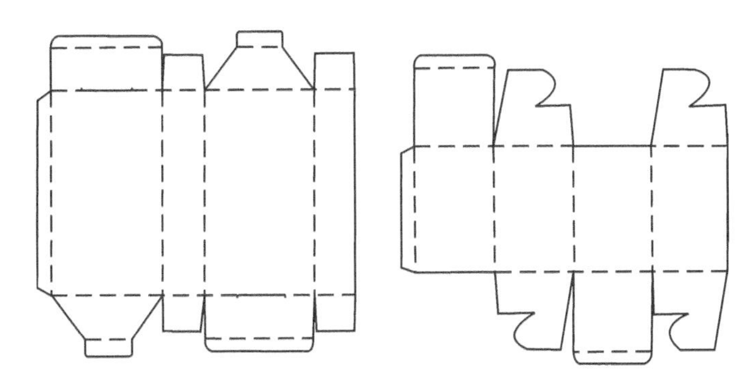

图 5-12 插锁式折叠纸盒

4. 黏合封口式

黏合封口式盒盖(见图 5-13)的主盖板与其余三块襟片黏合。

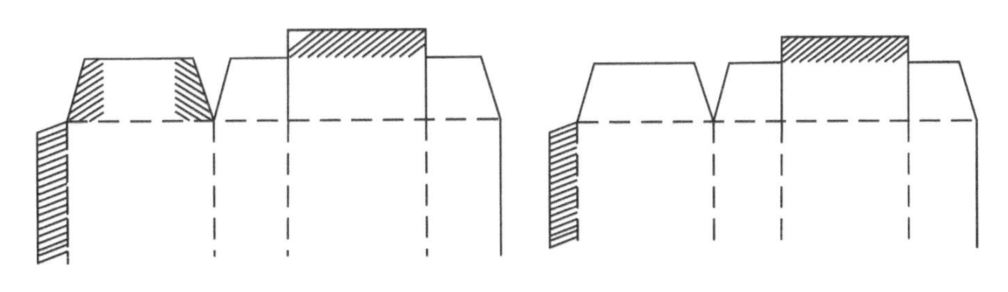

图 5-13 黏合封口式折叠纸盒

5. 正揿封口式

正揿封口式结构(见图 5-14)在纸盒盒体上进行折线或弧线的压痕,利用纸板本身的强度、弹性和挺度,揿下盖板来实现封口。其特点是包装操作简单、节省纸板,但仅限装小型轻量的商品。

6. 摇翼连续插别式

摇翼连续插别式(见图 5-15)是一种特殊锁口形式,也称为压褶锁口。它可以通过折叠使盖片组成造型优美的图案,装饰性强,缺点是手工组装比较麻烦。

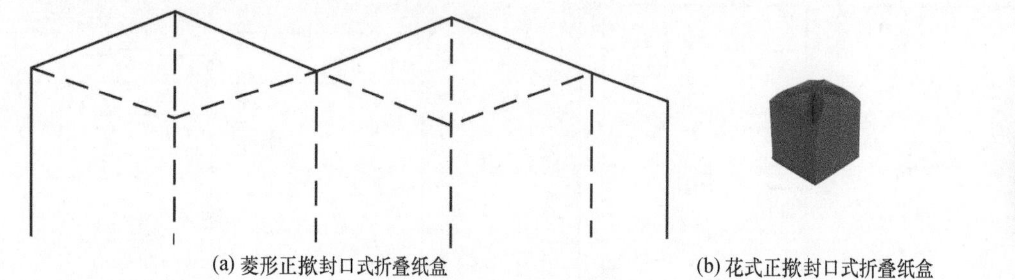

(a) 菱形正揿封口式折叠纸盒

(b) 花式正揿封口式折叠纸盒

图 5-14 正揿封口式折叠纸盒

5-15 摇翼连续插别式折叠纸盒

(五)管式折叠纸盒的盒底结构

盒底主要承受内装物的重量,也受压力、振动、跌落等情况的影响。盒底结构很复杂,采用自动装填机和包装机会影响生产速度,而手工组装又费时,所以盒底的设计尤为重要。一般的设计原则是保证强度,力求简单。

盒盖结构中除了摇盖外,其他盒盖都可作为盒底用,但摇翼连续插别式盒底设计略有不同。

1. 摇翼连续插别底

摇翼连续插别式盒底(见图 5-16)的基本结构同盒盖,但是组装时折叠的方向与盒盖相反,即花纹在盒内而不在盒外,这样可提高承载能力。

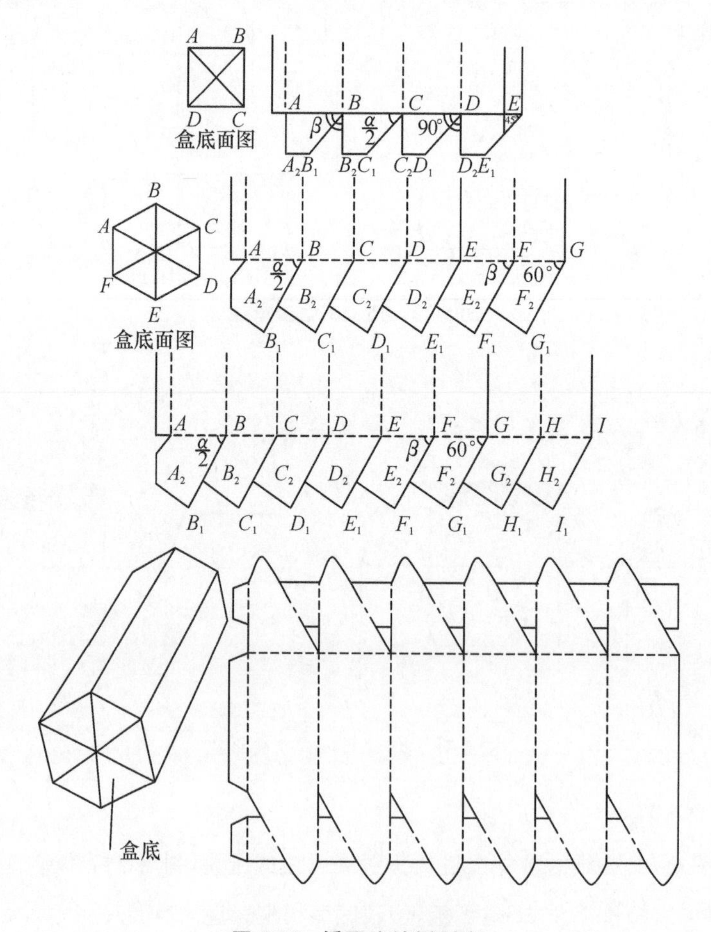

图 5-16 摇翼连续插别底

2. 快速锁合底

快速锁合底(见图 5-17)在国外称为 1-2-3 锁底,它表示只要数 1、2、3 的时间,就可以完成底部撑盒。该结构几乎无一例外地被用做盒底封口,一般与插合式盒盖组合使用。

这是一种由手工进行撑盒并封口的结构形式,1-2-3 封口结构常用于深度较浅的管式展示纸盒的盒底封闭。图 5-17(b)所示的结构变化形式可以提供更多的安全保证,是较重产品常用的设计。

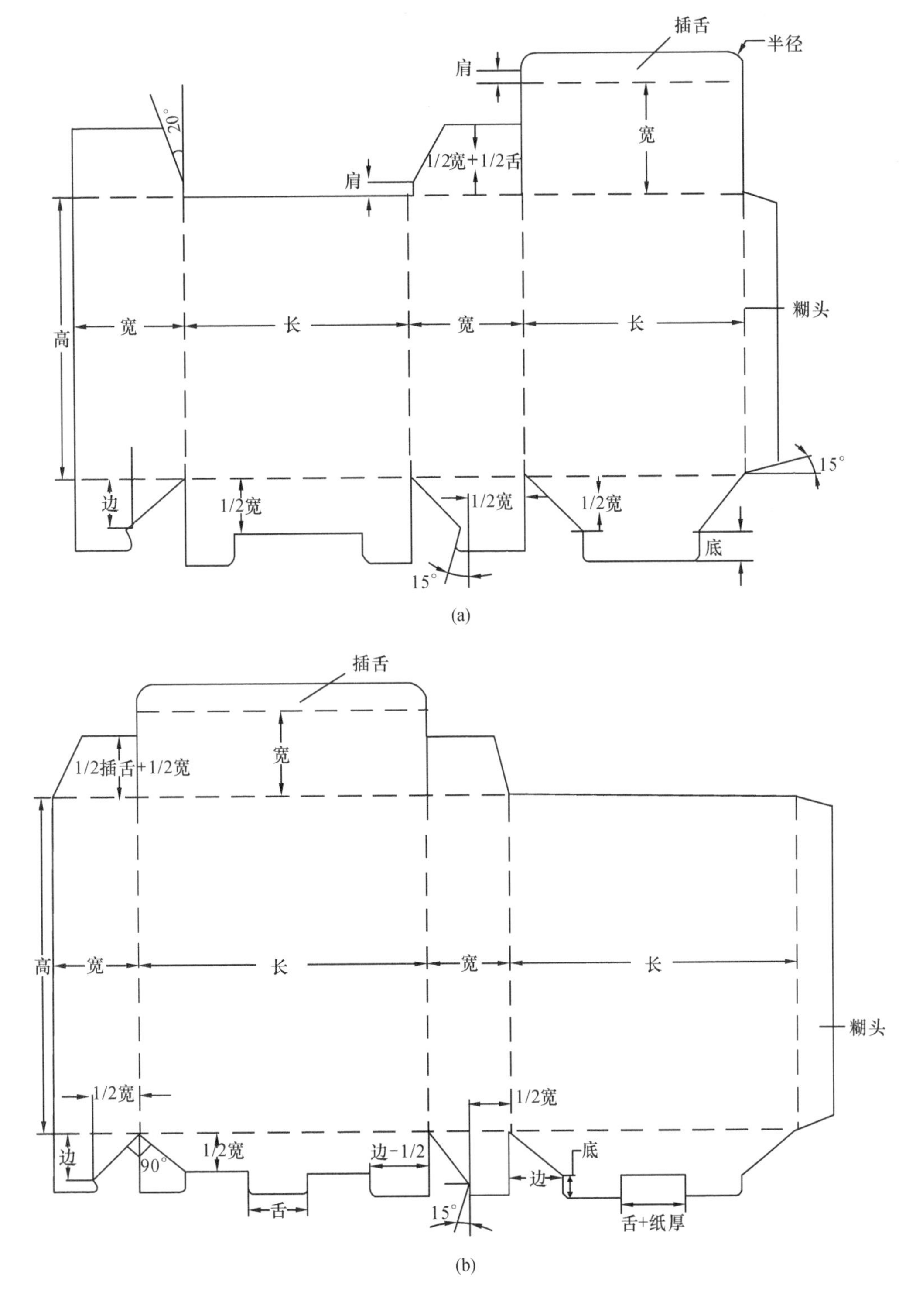

图 5-17　1-2-3 锁底

3. 自动锁底

自动锁合盒底是在盒坯加工部门预先黏合的。该结构由手工进行纸盒成型，是适用于快速撑盒的一种重要的结构形式。(见图 5-18)

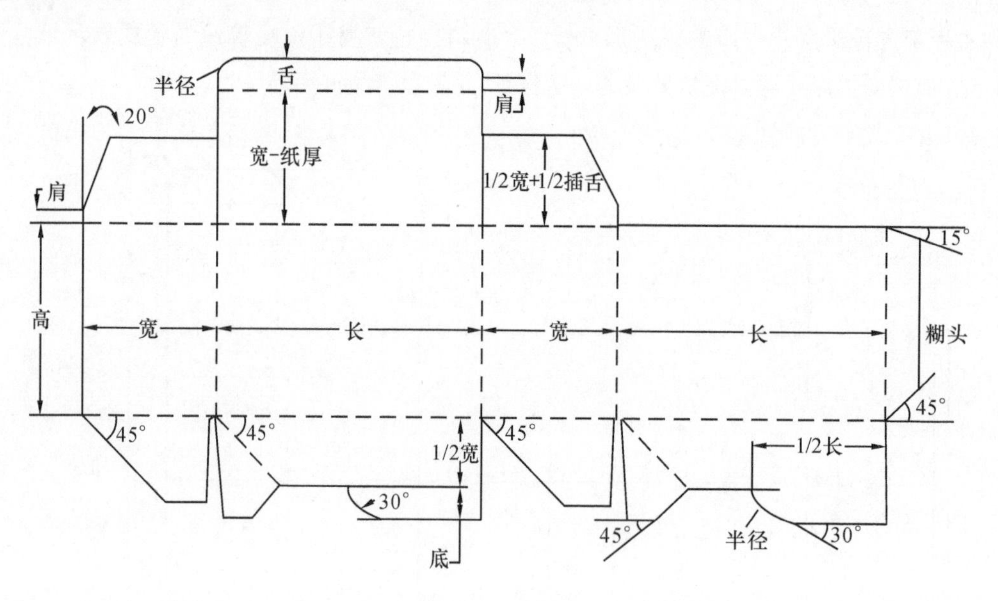

图 5-18 自动锁底

4. 间壁封底

间壁封底结构是将管式折叠纸盒盒底的四个底片设计成在封底的同时把盒内分割成相等或不相等的二、三、四、五、六、八等格的不同间壁状态，有效地分隔和固定单个内装物，以有效地保护产品。(见图 5-19)

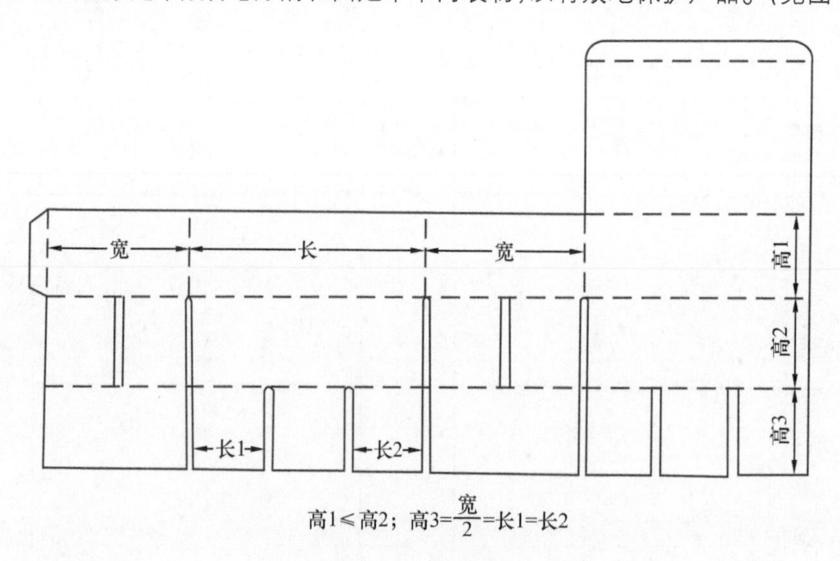

图 5-19 间壁封底

五、盘式折叠纸盒设计

盘式折叠纸盒是由一页纸板四周以直角或斜角折叠成的主要盒型，有时在角处进行锁合或黏合。这种盒型与管式结构相比，盒底上几乎无结构变化，主要的结构变化在盒体位置。

这类盒一般相对较小，盒盖位于最大盒面上，盒底负载面大，开启后观察内装物的可视面积也大。

(一)盘式折叠纸盒的成型方式

1.组装成型

组装成型(见图 5-20)是以一组体板的襟片，经折叠后插入另一组对折体板的夹层中，体板的内折板又相互压叠的成型方法。组装盒直接折叠组装成型，不需要任何黏合和锁合。

2.锁合成型

锁合成型(见图 5-21)是通过盒体板的襟片与体板的黏合，使纸盒成型的方式，有多种锁合类型。

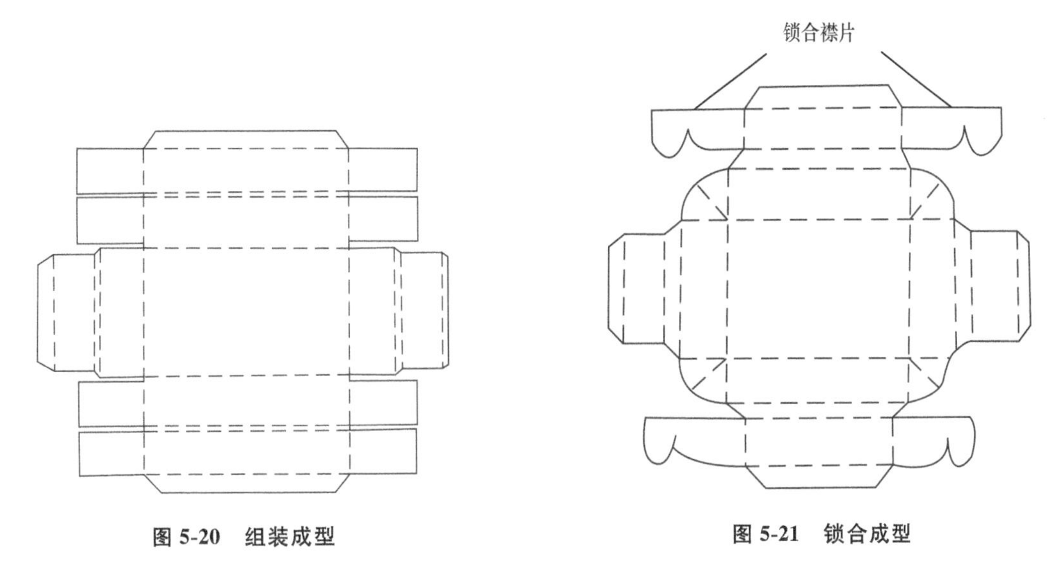

图 5-20　组装成型　　图 5-21　锁合成型

3.黏合成型

黏合成型是指通过盒体板的襟片与体板的黏合，使纸盒成型。一般有襟片黏合和蹼角黏合(见图 5-22)两种方式。

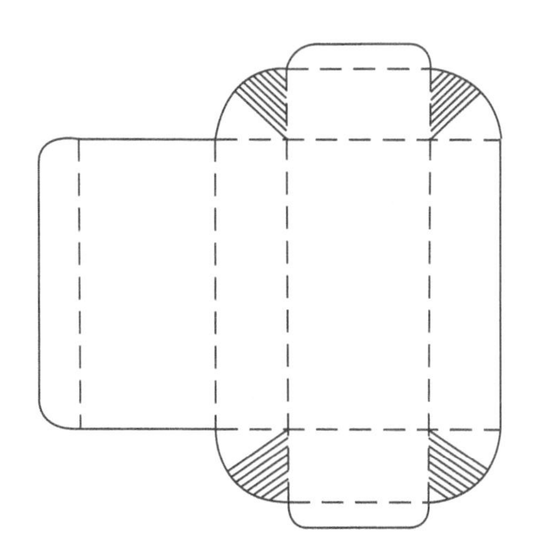

图 5-22　蹼角黏合结构盘式纸盒

(二)盘式折叠纸盒的盒盖结构

1.罩盖式盒盖

罩盖式盒盖也称天地盖。罩盖式纸盒的盒盖、盒体是两个独立的盘式结构，盖的长、宽尺寸略大于盒体。(见

图 5-23)

2. 摇盖式盒盖

摇盖式盒盖就是在盘式纸盒的基础上加以链式摇盖组成封口。(见图 5-24)

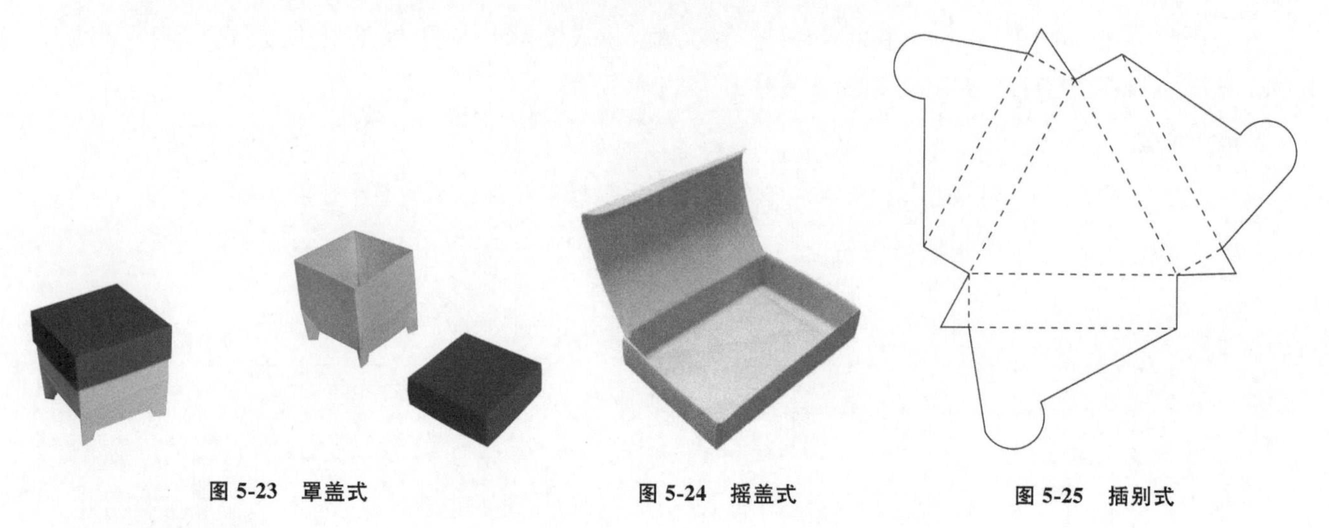

图 5-23　罩盖式　　图 5-24　摇盖式　　图 5-25　插别式

3. 插别式盒盖

插别式盒盖类似于管式折叠纸盒中的连续摇翼窝进式盒盖。(见图 5-25)

4. 正揿封口式盒盖

盘式折叠纸盒正揿封口式与管式折叠纸盒中的正揿封口相似。

5. 套盖式盒盖

套盖式又称抽屉式,盒盖为管式成型,盒体为盘式成型,两者各自独立。

六、折叠纸盒的功能性结构

(一)组合

组合是指两个或两个以上的单体折叠纸盒按一定的组合连接形式,构成集合型纸盒。组合的纸盒可以是两件或多件,但是无论是几件组合,每个单件都是一个较完整的折叠纸盒。(见图 5-26)

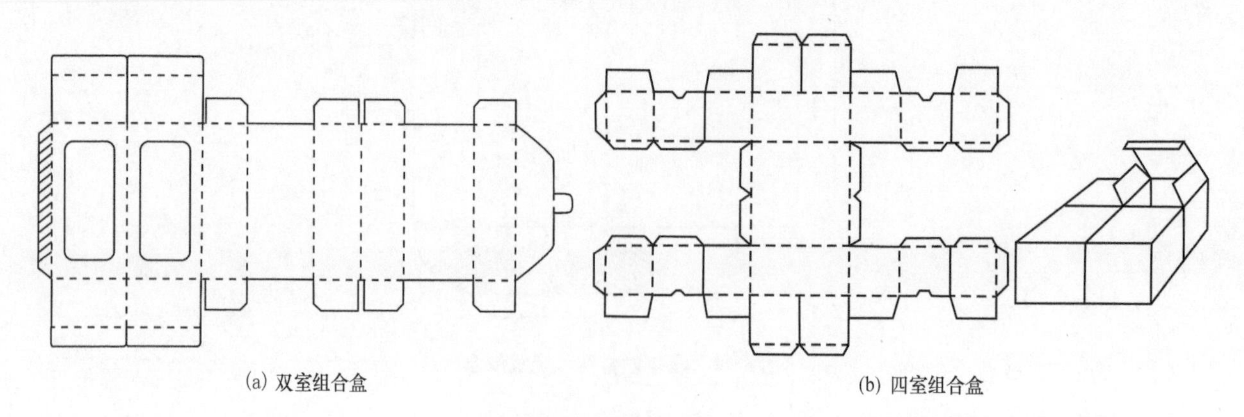

(a) 双室组合盒　　(b) 四室组合盒

图 5-26　组合结构

(二)间壁

间壁是用来分隔、支撑和固定内装产品的包装结构。间壁恰恰与组合相反:组合是将单个内装物的包装组合为纸盒主体，而间壁则是将纸盒主体分隔为单个内装物的包装。折叠纸盒除了采用间壁封底式结构来形成间壁外，还可以采用间壁衬隔，它不是利用底板来兼作格衬，而是利用体板上部或端部的延长部分来设计间隔。(见图5-27)

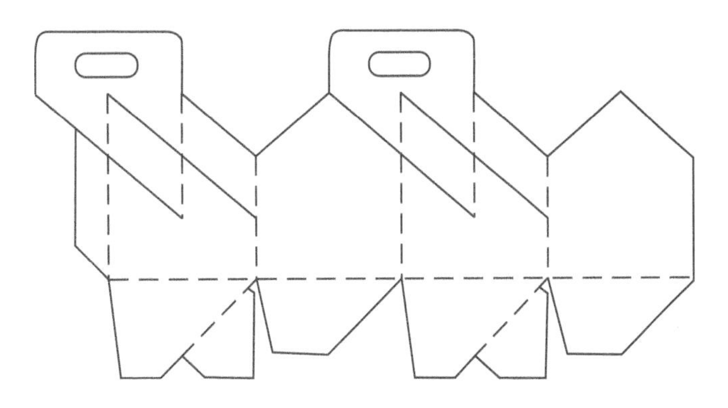

图 5-27 反揿式间壁手提结构

(三)提手

提手是为了方便消费者携带而设计的手提结构。提手的设计要保证有足够的强度，安全可靠，不能因提手的设置而严重削弱盒体或局部强度。提手还应有适应主要消费对象的尺寸，既可提，又舒服、美观。

提手可设计制成与纸盒一体的结构，也可做成与盒体相对独立的分体结构。材质可为纸材、纸绳、棉绳、塑料、金属等。

(四)展示

1. 开窗结构

先在纸盒上开窗，再贴上透明材料防尘，也可部分展示商品。(见图5-28)

2. 悬挂式结构

在纸盒上设计悬挂孔，以便在货架上悬挂展示商品。(见图5-29)

图 5-28 开窗结构包装

图 5-29 悬挂式结构包装

3. POP 展示结构

在纸盒结构设计中加入一些巧妙的折叠设计，使一个完整、封闭的盒型通过一定的折叠成为开放的展示包装盒型。(见图5-30)

图 5-30　POP 展示结构

(五)易开结构

易开结构是为消费者方便地开启包装而设计的局部结构。易开结构的位置应合适,尽量避免影响包装的装潢与造型,同时要适于加工和使用习惯,简单方便。

1. 易开方式

(1)撕裂口　在盒盖上或软包装靠近封口处预先开一豁口,打开包装时,沿豁口撕开。

(2)半切线　在纸盒开启部位的纸板内侧切线,深度达纸板厚的一半,当需要打开包装时,按标示符号沿半切线撕开。

(3)打孔线　在纸盒开启部位,预先加工连续的打孔线,使用时沿线撕开即可打开。

(4)间断切线　在纸盒开启部位,预先加工间歇切断线,使用时沿线撕开即可打开。

2. 易开结构的类型

(1)一次性易开结构(见图 5-31(a))　在易开部位开启后不能再封闭的结构。

(2)可封盖易开结构(见图 5-31(b))　在易开部位开启后,盒盖还可以以插入方式封盖,能反复使用。

(3)分开使用易开结构(见图 5-31(c))　每次可开启其中一个,不打开的部分仍处于包装完好状态,有利于保存商品。

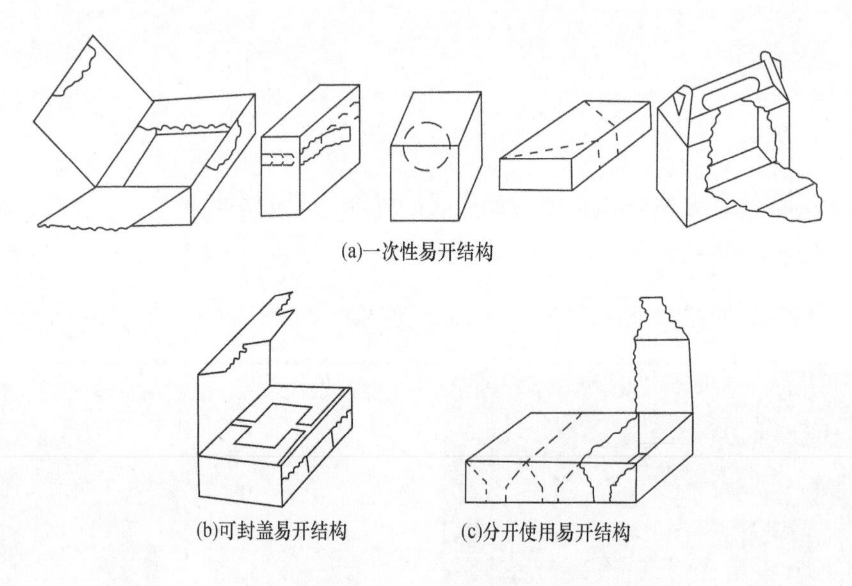

(a)一次性易开结构

(b)可封盖易开结构　(c)分开使用易开结构

图 5-31　易开结构

第三节　固定纸盒设计

一、固定纸盒的定义

固定纸盒亦称粘贴纸盒,是用裁切加工的纸板,用贴面纸材将其黏合裱贴成型的。它具有防护性能好、堆码强度高、展示促销方便等特点。但固定纸盒不能折叠成板状,运输、储存不方便,占用空间大,且多数要依靠手工成型，生产效率低。所以，在很多情况下常用黏合成型的盘式折叠纸盒代替固定纸盒。固定纸盒主要用于鞋帽、中高档茶叶、小型工艺品、装饰品及礼品等的包装。

1. 固定纸盒的优点

(1)固定纸盒可以选用众多品种的贴面材料，通过适当的选择来获得最佳视觉效果，与折叠纸盒相比，外观、质地设计可选择的范围广。

(2)固定纸盒与一般折叠纸盒相比，刚性较好，防戳性能好。

(3)固定纸盒堆码的强度高。

2. 固定纸盒的缺点

(1)固定纸盒与折叠纸盒相比，生产时的劳动量大，生产成本高。

(2)固定纸盒不能折叠堆码，占用空间大，运输及仓储费用高。

(3)固定纸盒贴面材料一般手工定位，印刷容易偏移。

(4)固定纸盒生产速度慢、储运困难，不能接受大批量的订货。

固定纸盒的纸材一般选择挺度较高的非耐折纸板，如各种草板纸、刚性纸板及高级食品用的双面异色纸板等，内衬选用白纸或白细瓦楞纸、塑胶、海绵等。贴面材料品种较多，有铜板印刷纸、蜡光纸、彩色纸、仿革纸、布、绢、革和金属箔等。盒角可采用胶纸带加固、订合、黏合等多种方式进行固定。

二、固定纸盒的结构

固定纸盒按纸盒制作成型方式也可分为管式和盘式两大基本类型。

管式固定纸盒盒底与盒体分开成型，即基盒由体板和底板两部分组成，外部敷贴面纸加以固定和装饰。这类纸盒主要用手工粘贴、手工裁料，尺寸精度高，用纸(布)固定盒体四角。为防止盒体表面露出包角痕迹，避免采用钉合方式固定。间壁结构管式固定纸盒的基本结构如图 5-32 所示。

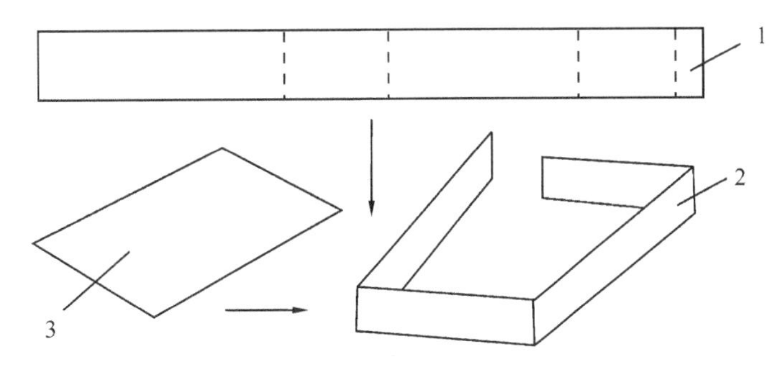

图 5-32 间壁结构管式固定纸盒基本结构

1—粘贴面纸；2—体板；3—底板

盘式固定纸盒的盒体和盒底用一页纸板成型。这类盒可以用纸(布)黏合、钉合或扣眼固定盒体角，结构简单，便于大批量生产，但其压痕及角的精度较差。盘式固定纸盒的基本结构如图 5-33 所示。

盘式摇盖间壁固定纸盒的各部分结构名称如图 5-34 所示。

1. 固定纸盒的封合方式

(1)搭合封合(见图 5-35) 通过镶嵌在基板内的小磁片和铁片来连接盒体与盒盖。

(2)盖合封合(见图 5-36) 盒盖部分完全罩盖住盒体的封合形式，主要应用于分体式罩盖型结构盒型。

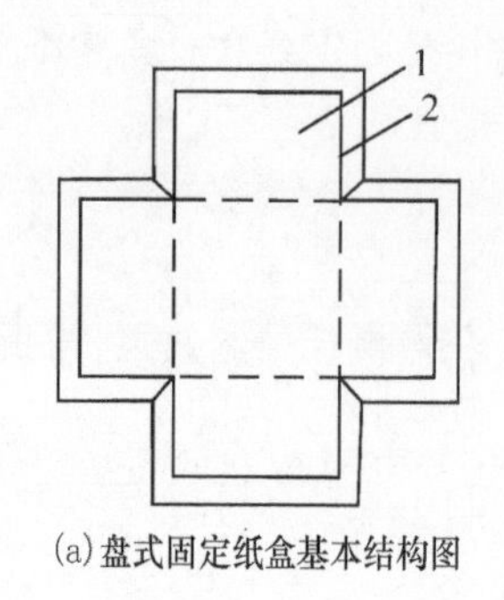

(a)盘式固定纸盒基本结构图

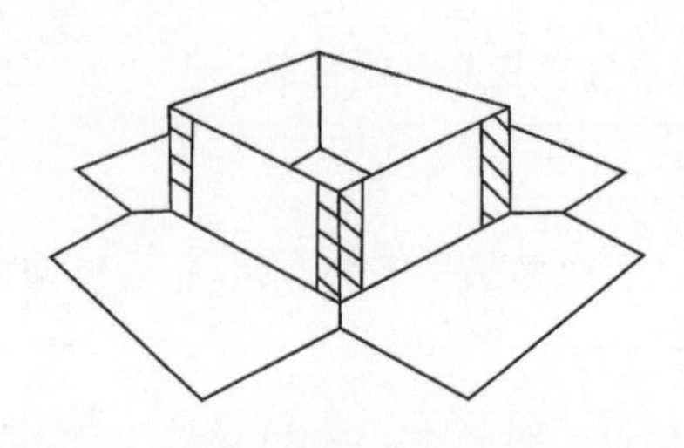

(b)盘式固定纸盒制作效果图

图 5-33　盘式固定纸盒基本结构

1—盒板;2—粘贴面板

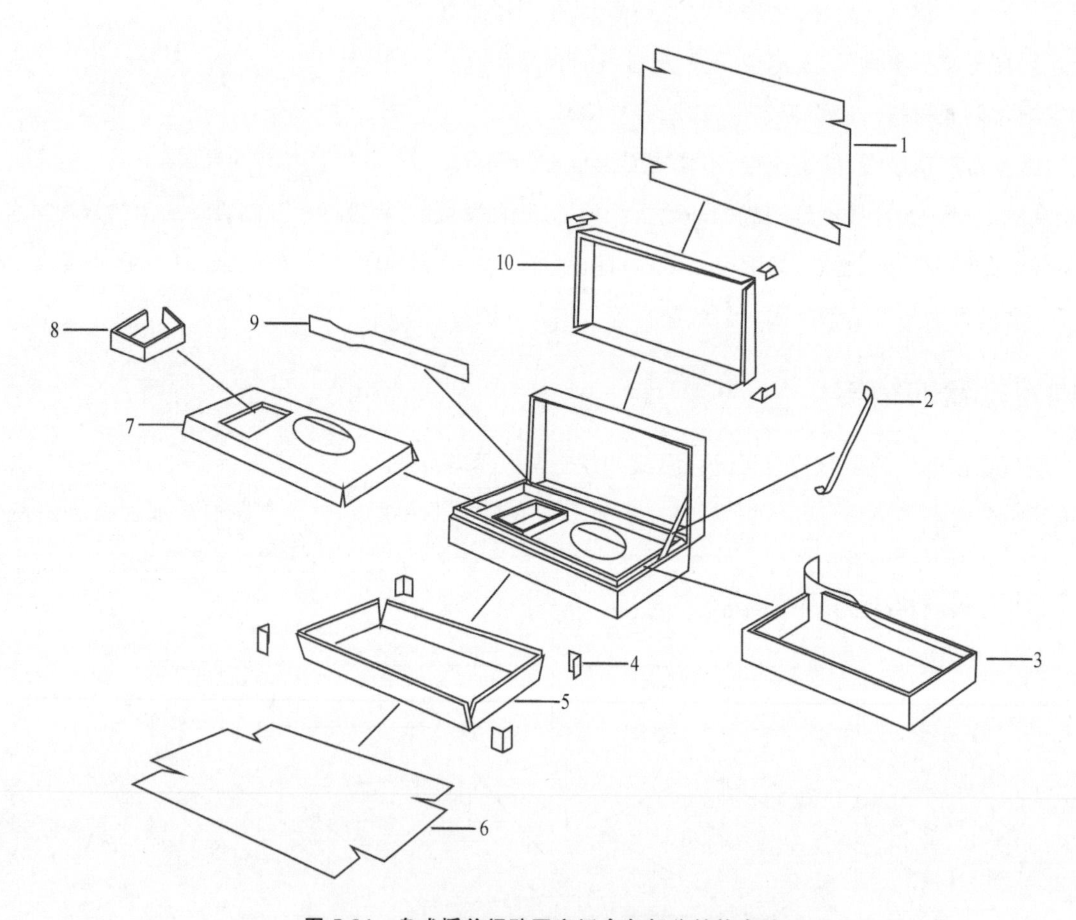

图 5-34　盘式摇盖间壁固定纸盒各部分结构名称

1—盒盖粘贴纸;2—支撑丝带;3—内框;4—盒角补强;5—盒底板;6—盒底粘贴纸;7—间壁板;8—间壁板衬框;9—摇盖铰链;10—盒盖板

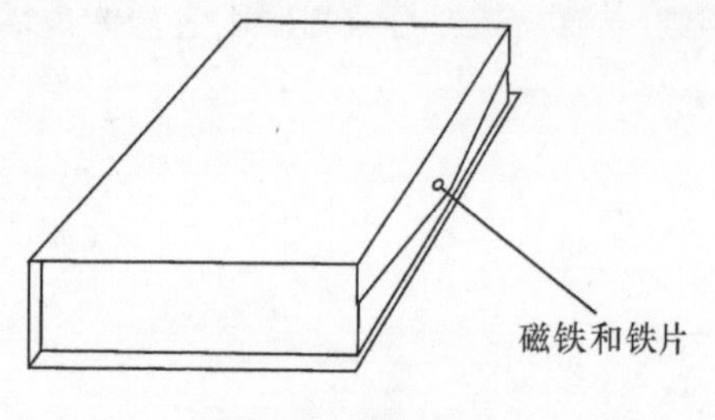

图 5-35　搭合封合

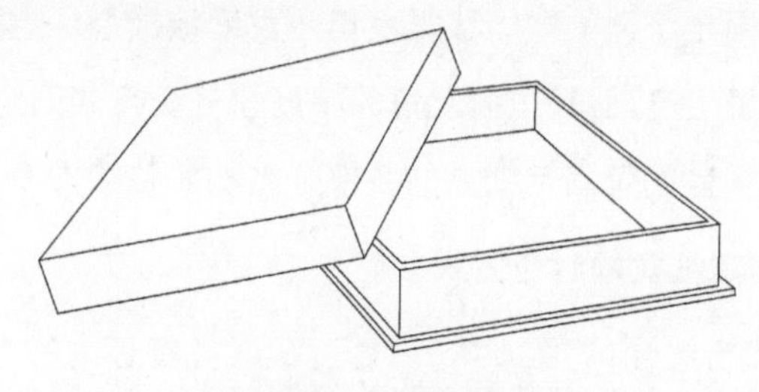

图 5-36　盖合封合

(3)锁合封合(见图 5-37)　通过在盒板上安装各种形式的锁合器件实现封合。

(4)嵌合封合(见图 5-38)　通过盒盖板互相嵌扣实现封合。

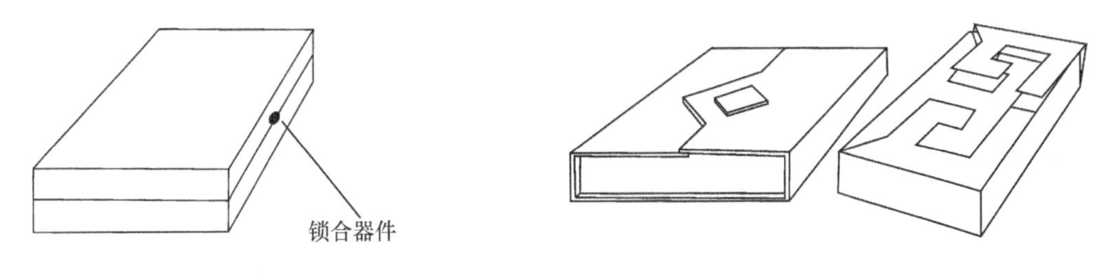

图 5-37　锁合封合　　　图 5-38　嵌合封合

(5)插合封合(见图 5-39)　通过盒盖与盒体板相互插别实现封合。

(6)套盒封合　盒盖套合盒体,通过抽拉来开启、封合纸盒的形式。

(7)捆合封合(见图 5-40)　用绳带捆扎或有弹性的线绳拉紧的固定封合形式。

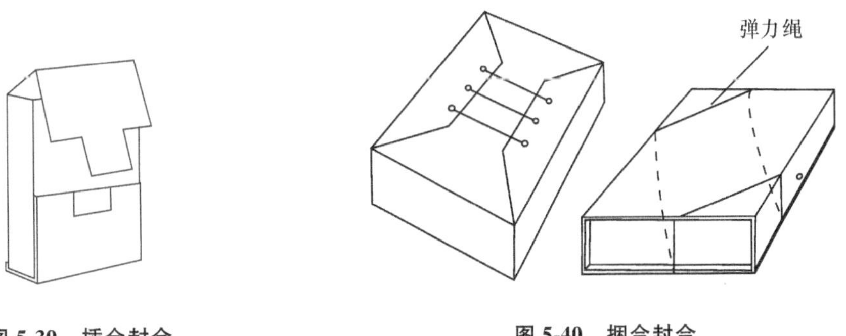

图 5-39　插合封合　　　图 5-40　捆合封合

(8)包合封合　利用收缩膜等包装实现封合。

(9)黏合封合　用黏合剂或涂布黏合剂的封签黏结不同的盒面或其他附加部分结构的封合形式。

2. 固定纸盒的类型

固定纸盒种类较多,相对折叠纸盒更适合造型。固定纸盒的分类方式很多。

(1)连体式纸盒　是指盒体和盒盖连接构成一个整体的纸盒类型,一般包括翻盖式纸盒和侧开式纸盒两大类。

翻盖式纸盒是纸盒开启盒盖为摇盖的一类纸盒,其摇盖(盒盖)往往是包装纸盒的主装潢面。它是使用最广泛的一类纸盒,包括单封式、双封式和多封式纸盒。

单封式纸盒只有一个摇盖,它是最常见的盒型,如图 5-41 所示。

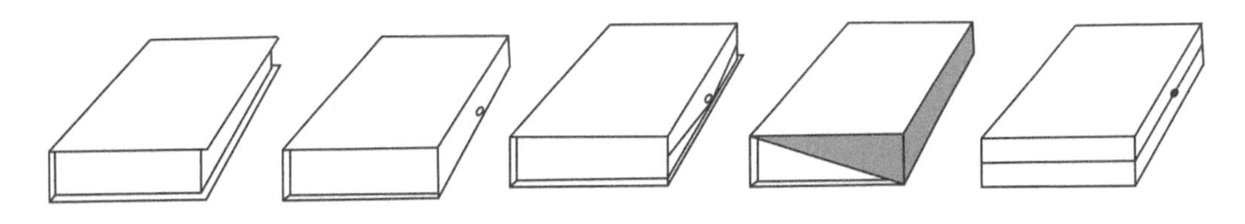

图 5-41　单封式纸盒

双封式纸盒有两个摇盖。两个摇盖有对称封合的,也有不对称封合的。封合的两摇盖有对齐且不搭接也不留缝的,也有相互部分搭接的,还有相互不搭接而留缝的。双封式纸盒如图 5-42 所示。

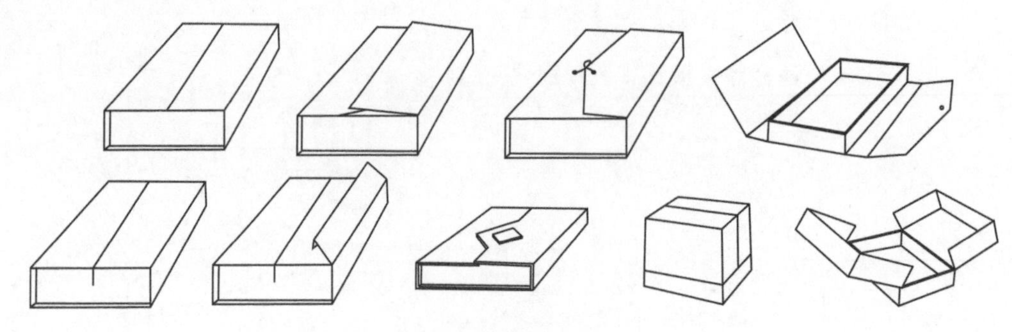

图 5-42　双封式纸盒

多封式纸盒有三个或三个以上摇盖,其摇盖互相搭接或嵌合(见图 5-43)。

图 5-43　多封式纸盒

侧开式纸盒是从翻盖式纸盒变化而来的,其开口面在侧面(见图 5-44)。

(2)分体式纸盒　分体式纸盒的盒体与盒盖是两个或多个互不相连的独立部分,它们一起组成一个完整的纸盒。分体式纸盒包括罩盖式和抽屉式两种。

罩盖式纸盒由盛装内容物的底盒与上面或上下两头的罩盖两大部分组成。造型变化主要体现在罩盖上,盒型依罩盖罩住底盒盒体的高度不同又可分为全罩式、深罩式和浅罩式结构,依盒体底盒的数量不同可分为单层式和多层式结构。

抽屉式纸盒由盛装内容物的内盒和外套盖两大部分构成,通过两者推拉来开启、封合纸盒。其装潢主要在外套盖上体现。外套盖可以一端开口和两端开口。抽屉式纸盒依内盒数量的不同又可分为单屉式纸盒和多屉式纸盒两大类(见图 5-45)。

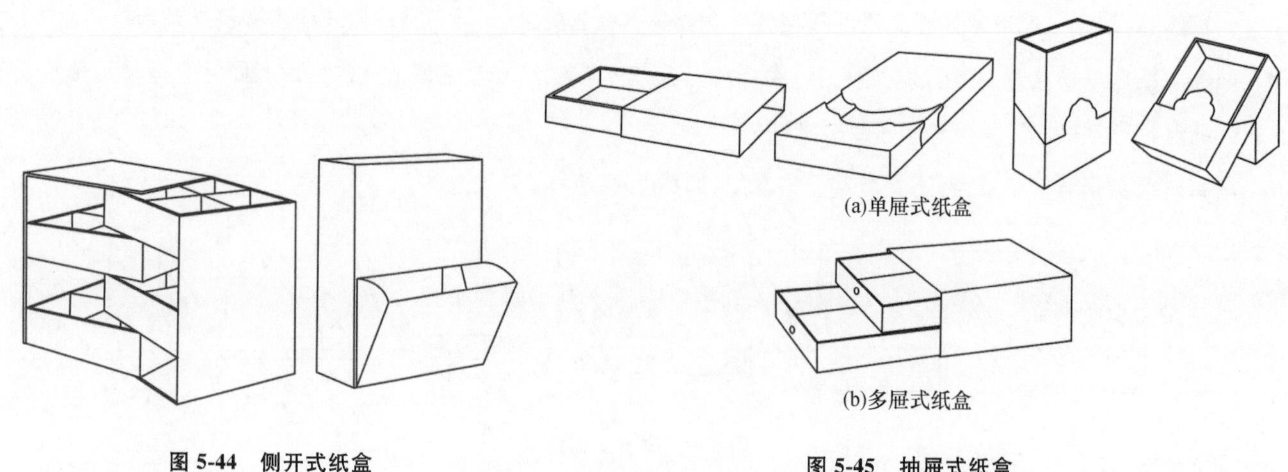

(a)单屉式纸盒

(b)多屉式纸盒

图 5-44　侧开式纸盒

图 5-45　抽屉式纸盒

(3)异体式纸盒　是指由连体式与分体式结合而成的盒型,或者不能被归为连体式或分体式纸盒的其他类型的盒型(见图 5-46)。

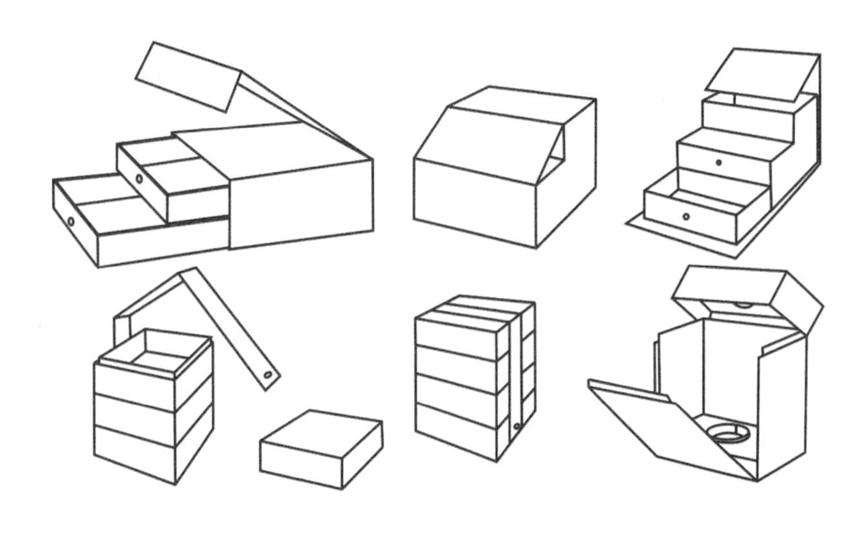

图 5-46　异体式纸盒

第四节　纸盒造型设计

纸盒造型除了受结构因素影响外，主要还受其基本形态的影响。

一、体的变化

纸盒是由有一定厚度的纸板为基材构成的，依据纸板为平板状并适合弯曲的特点，把纸盒的基本形体归纳为平面几何形体和曲面几何形体两类。平面几何形体就是由四个或四个以上的平面，以其边界直线互相衔接在一起所形成的封闭空间，其轮廓线明确，具有刚劲、坚固、明快的特点；曲面几何形体的表面是由曲面与平面围合而成的，其轮廓线不明确，具有柔和、圆滑、流畅、饱满的特点。

大多数纸盒的基本形体都是立方体，故在此以立方体为主要的形体研究对象。棱柱、棱台、棱锥都可看做由立方体衍生而来。它们都可以根据截面边或角的数量分为三棱柱（棱台、棱锥）、四棱柱（棱台、棱锥）、五棱柱（棱台、棱锥）、六棱柱（棱台、棱锥）、八棱柱（棱台、棱锥）。形体的基本型如图 5-47 所示。

切割与组合是立体造型设计的基本方法。对纸盒基本形体运用切割、组合等方法可以创造出多种形体，从而使其形态发生改变。在设计时要注意形体的整体协调。形体的变化如图 5-48 所示。

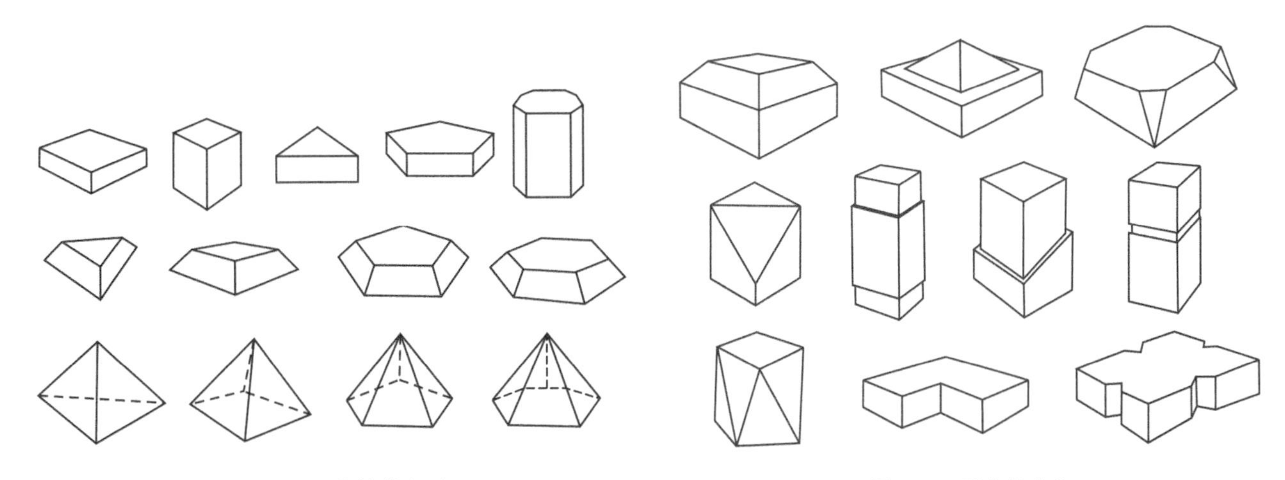

图 5-47　形体的基本型　　图 5-48　形体的变化

二、面的变化

面是线移动的轨迹，是构成立体的主要要素，它包括平面和曲面两类。

面的形态变化也包括纸盒包装表面的肌理变化。肌理是指物体表面的组织构造，它们给人以触觉质感和视觉质感。触觉质感如物体表面的凹凸、粗细、软硬等；视觉质感是通过视觉器官而感受的，如木纹、石纹、皮革纹理等，可以是天然的，也可以是人造的。

纸盒形体的表面可以通过开窗、镂空、凹凸、切割、镶嵌、拼合、粘贴等手法，而使其形态产生丰富的肌理变化。图 5-49 所示为面的变化，图 5-50 所示为表面开窗。

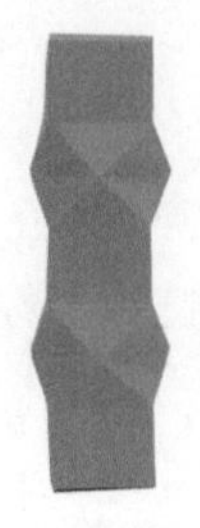

图 5-49　面的变化

图 5-50　表面开窗

三、线的变化

线是点移动的轨迹，是一切形体的基础，一般分为直线、曲线、折线等。对纸盒的边线进行“换线”的设计，是纸盒结构设计中的一种重要的造型创新手段。它包括以下三种变化形式。①弯曲一个或多个相邻两侧面之间的相交线(见图 5-51)；②用弯曲的面代替弯曲的线(见图 5-52)；③使用凸起或凹进的具有尖角或人形顶结构(见图 5-53)。

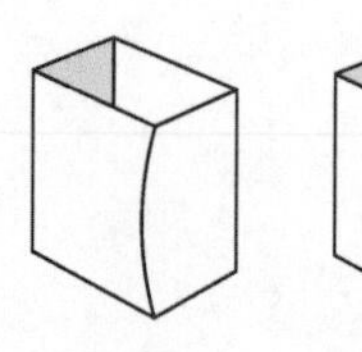

图 5-51　换线变化 1

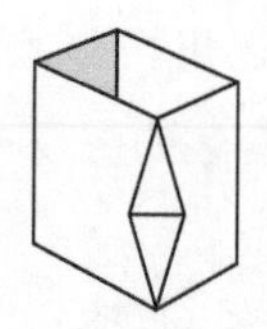

图 5-52　换线变化 2

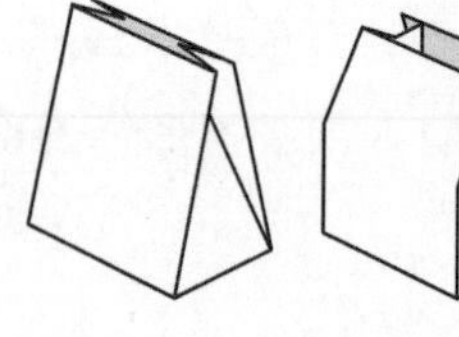

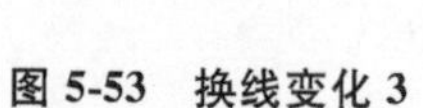

图 5-53　换线变化 3

四、角的变化

图 5-54　角的变化

对纸盒形体的棱角进行切割、凹凸、折曲、改变连接方式等一些处理，也可以使其形态产生明显的变化与创新，如图 5-54 所示。

第五节 纸盒结构设计的方法

纸盒的结构与外部造型的设计是密不可分的。对其外观的体、面、线、角的不同变化和内部结构的独特思考，可以构成一个纸盒的造型结构。

纸盒的差异很多都是纸盒开启方式的不同而造成的。因此，在造型设计时，可以按以下步骤进行思考。

一、外观整体形态和开启方式的思考

在纸盒的结构设计中，先思考其外观特征，外观是长立方体，还是圆立方体，或是其他形态。接着思考这样的外形采用何种开启方式、联结方式、锁底方式，等等。这些是设计思考的前提。

二、内部结构的思考

纸盒内部是否有保护产品的内部保护结构，这些结构是如何保护产品的，是和其外观结构连接在一起的，还是一个独立制作的结构，这些都是需要思考的。

三、结构细节的思考

在设计纸盒结构的过程中，可以采用单独制作每个小结构的方法来实现对纸盒结构的设计。因为在最初可能无法掌控好一个完整的大结构的设计，所以可以先设计、制作出零碎的小结构，然后拼接、整合使其成为一个完整的结构。

四、将零散的结构进行化零为整的调整和修改

将零散的结构尽量拼接在一个整体的纸盒结构中，保证其纸盒结构的完整性。

【思考题】

课后每人收集三个或三个以上的包装纸盒，并将其带到课堂上，然后针对所学的内容分别讲解所收集的盒型结构是属于哪一种，盒底和盒盖的特点和名称分别是什么。

【练习题】

1. 纸盒结构临摹练习：寻找市场上的纸盒包装，对其结构进行临摹制作。

说明：需要针对本章中所讲述过的结构，特别是折叠纸盒中管式结构、盘式结构的盒型，还有底和盖的设计都需要制作一遍，如 1-2-3 锁底、自动锁底等。

2. 主题纸盒结构设计练习：选择一种产品，作为设计主题，进行专项的结构设计练习。要求选择合适的纸材制作出实物，并用熟悉的软件绘制出结构展开图。

说明：这个主题必须是对结构的保护性能要求较高的产品，如玻璃制品等一些易碎物品；或者是一些需要打破常规的设计，如异型烟盒结构设计等。

第六节　纸盒结构欣赏

欣赏图 5-55 所示的纸盒结构。

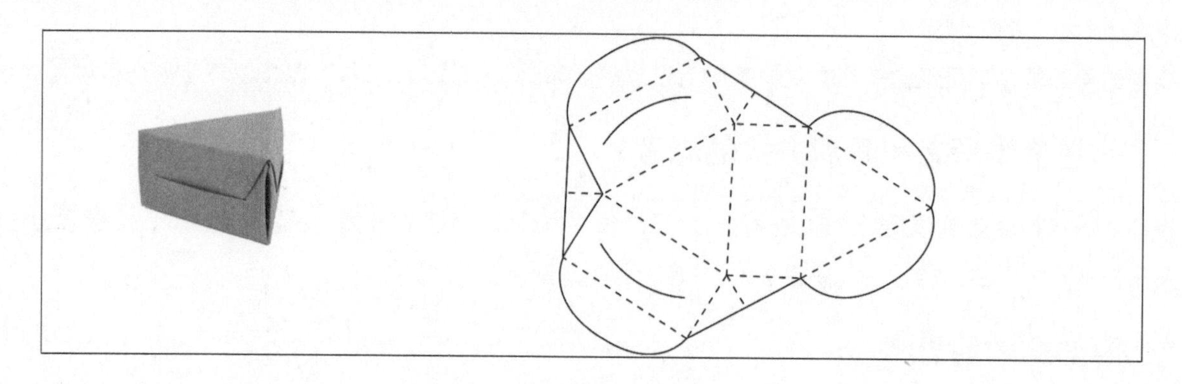

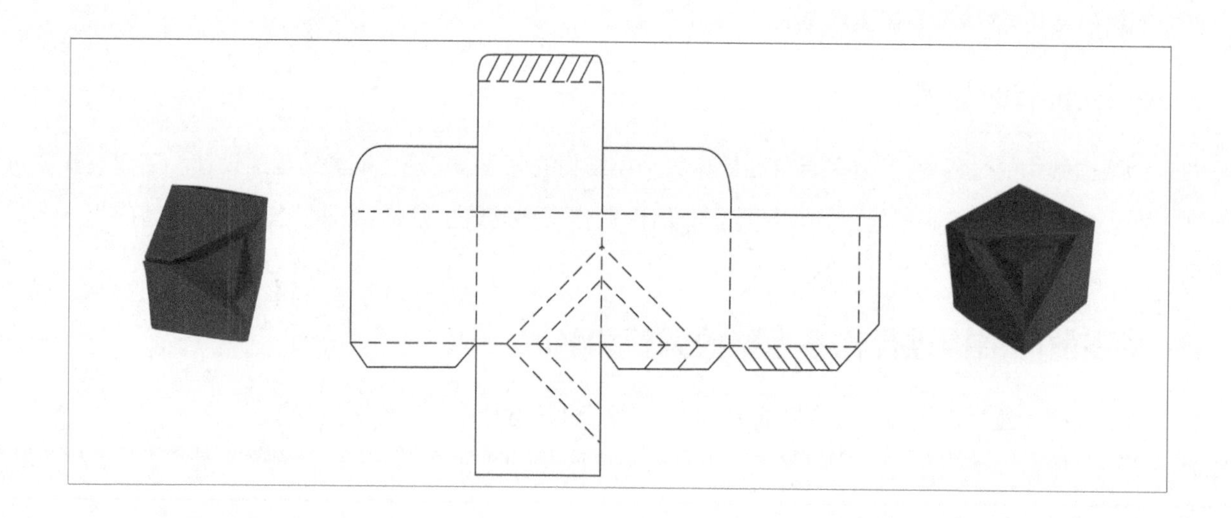

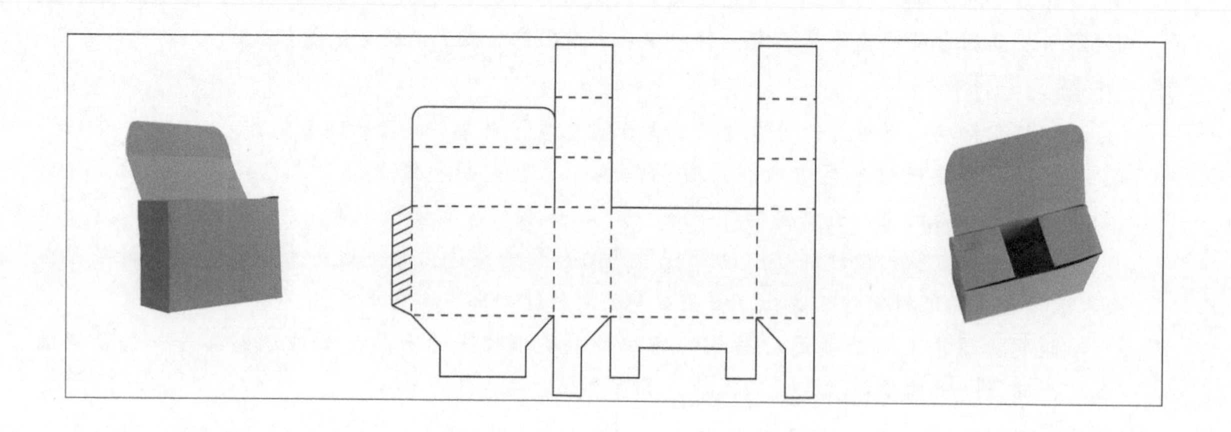

图 5-55　纸盒结构欣赏

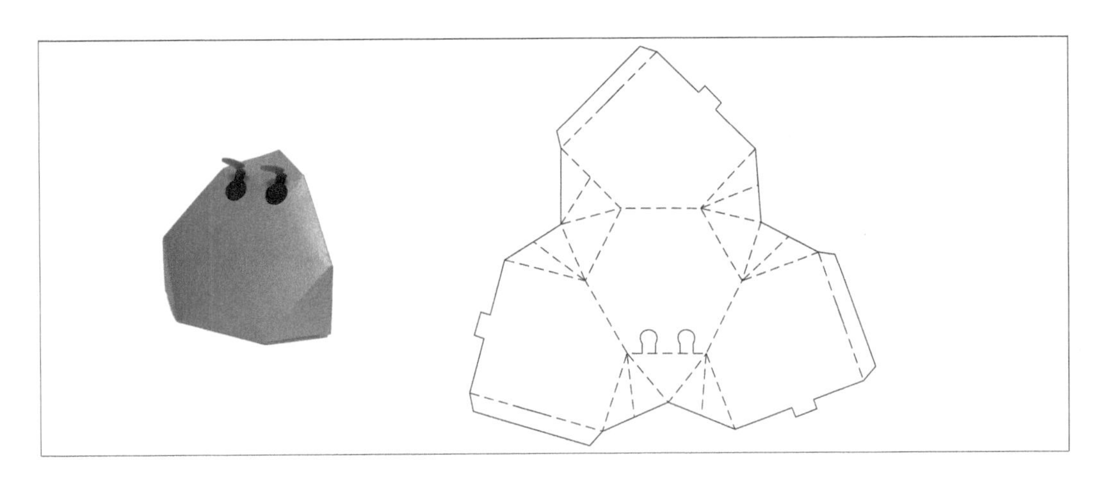

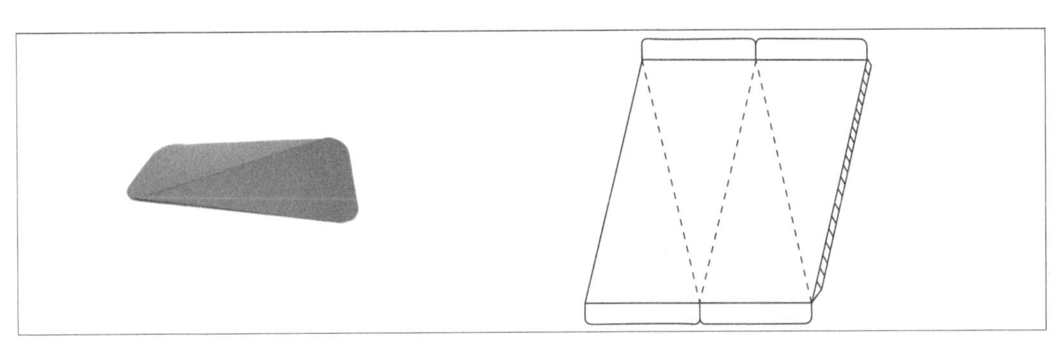

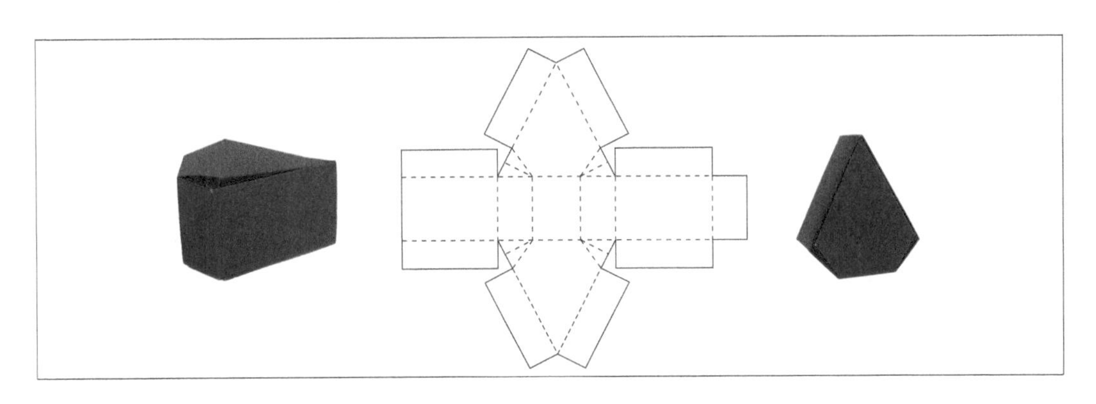

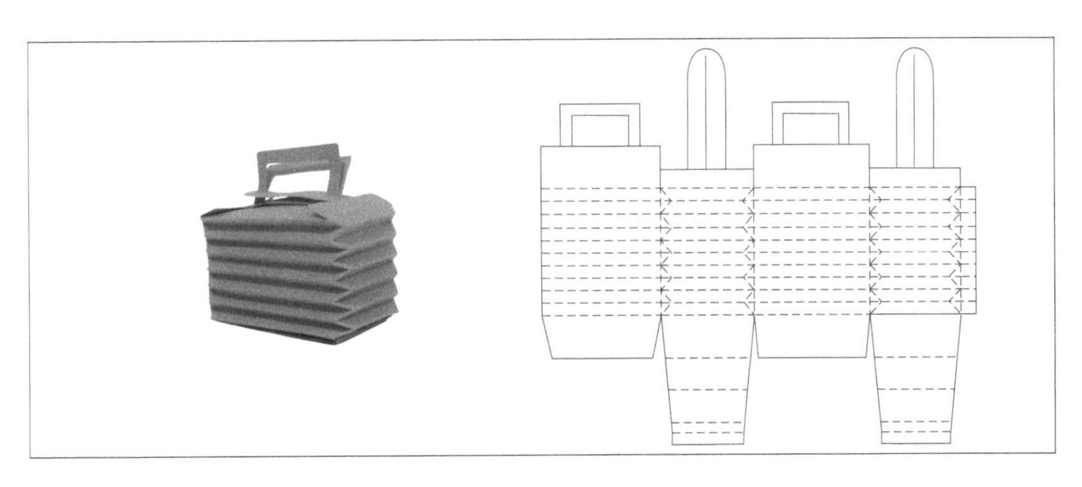

续图 5-55

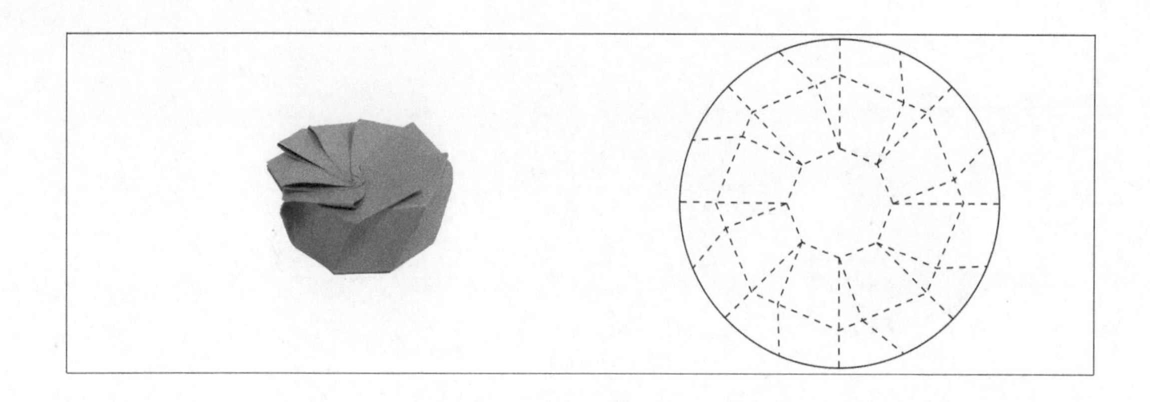

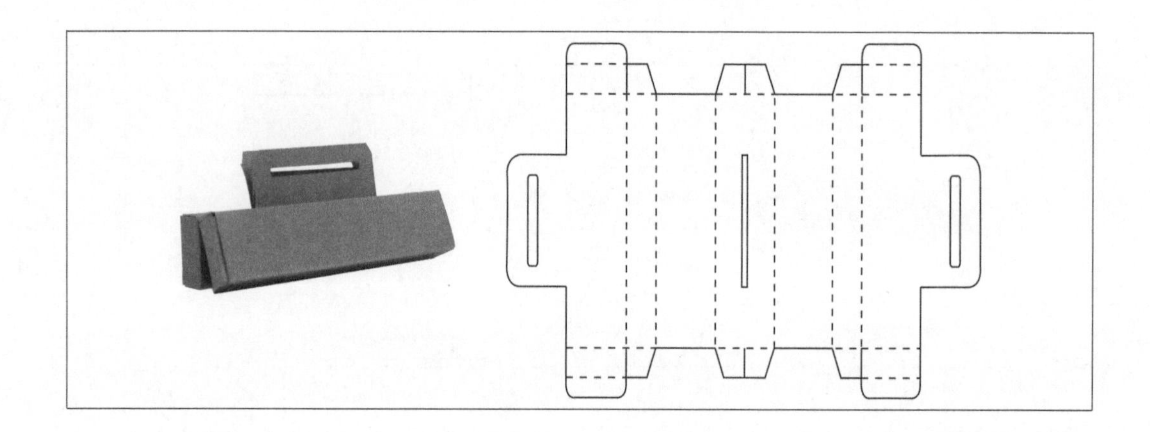

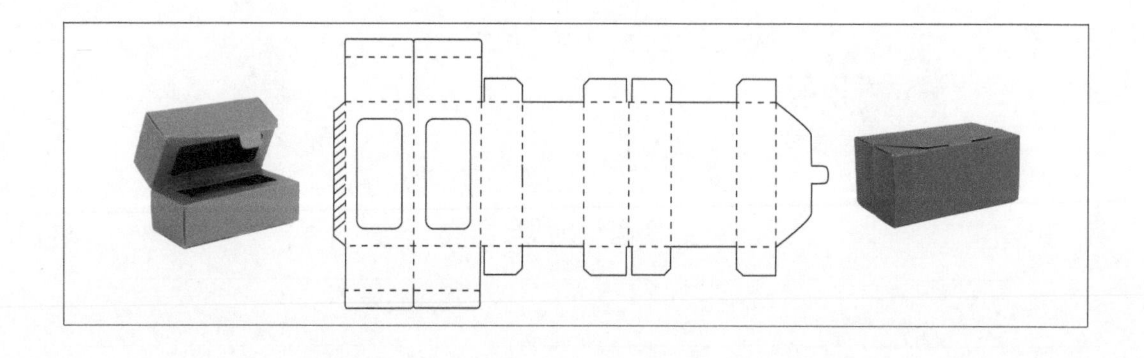

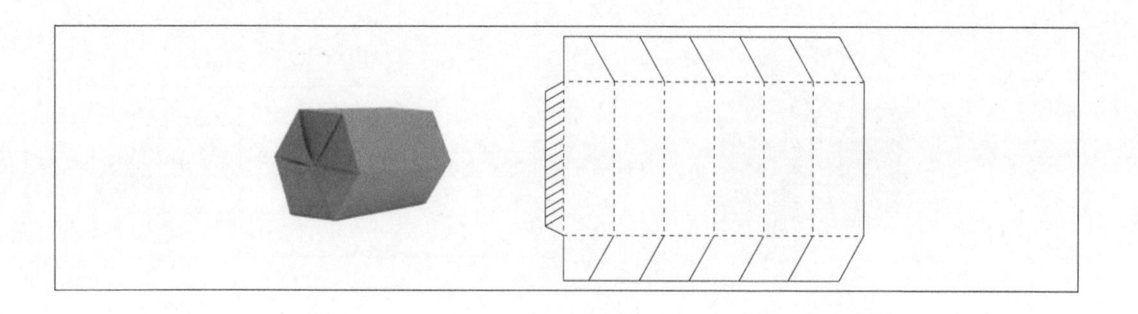

续图 5-55

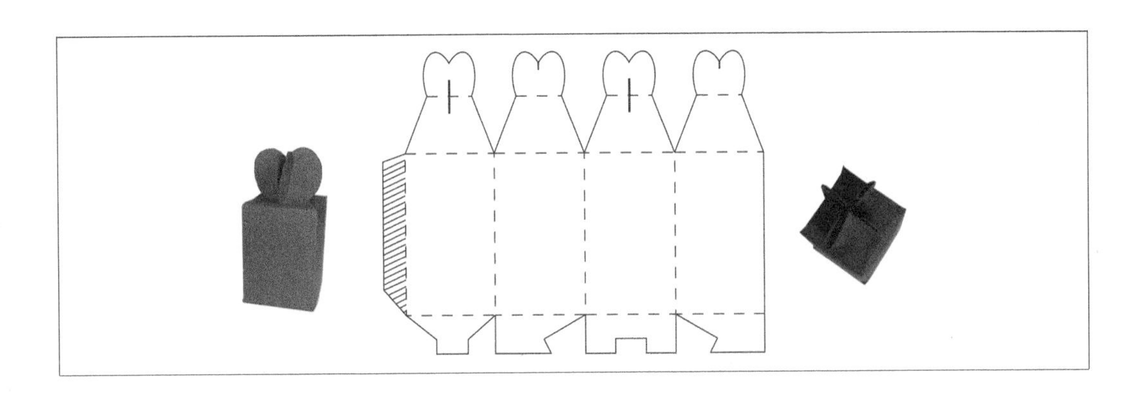

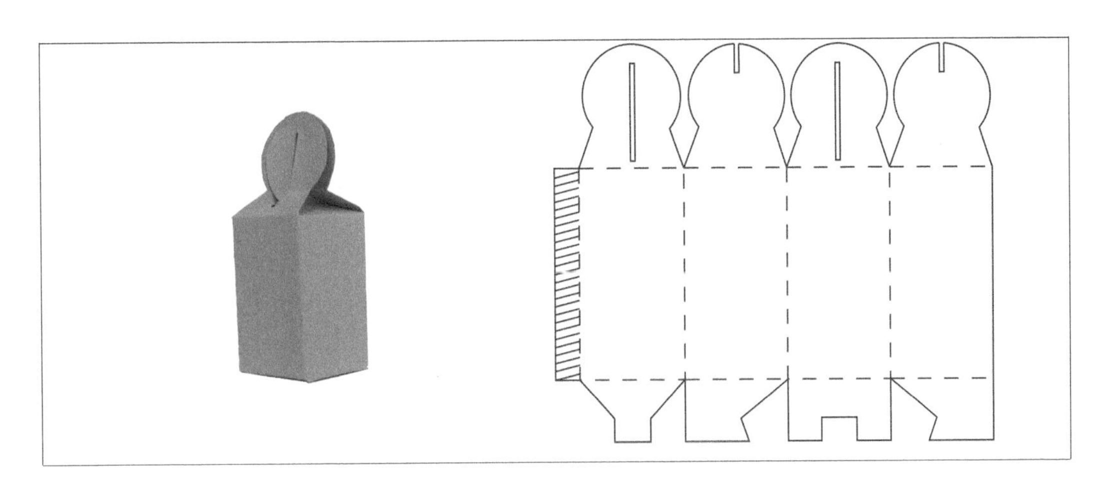

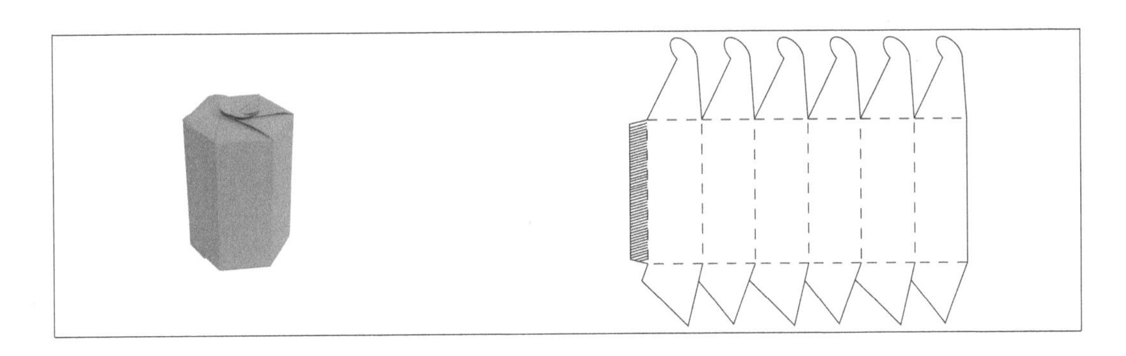

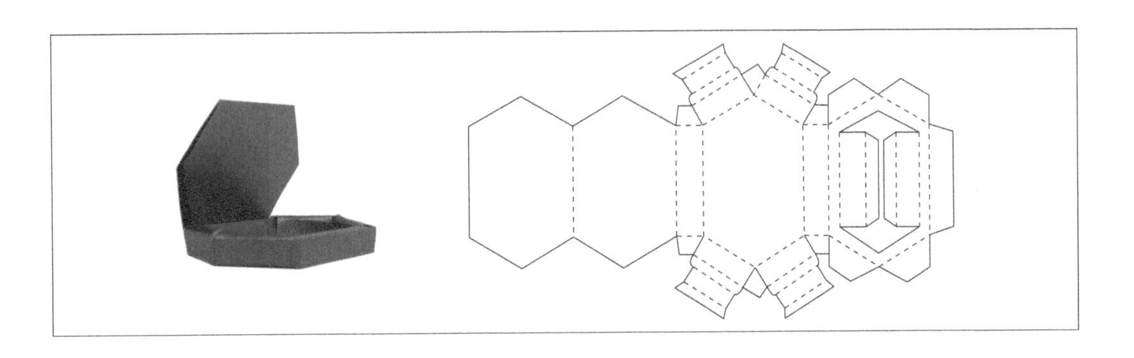

续图 5-55

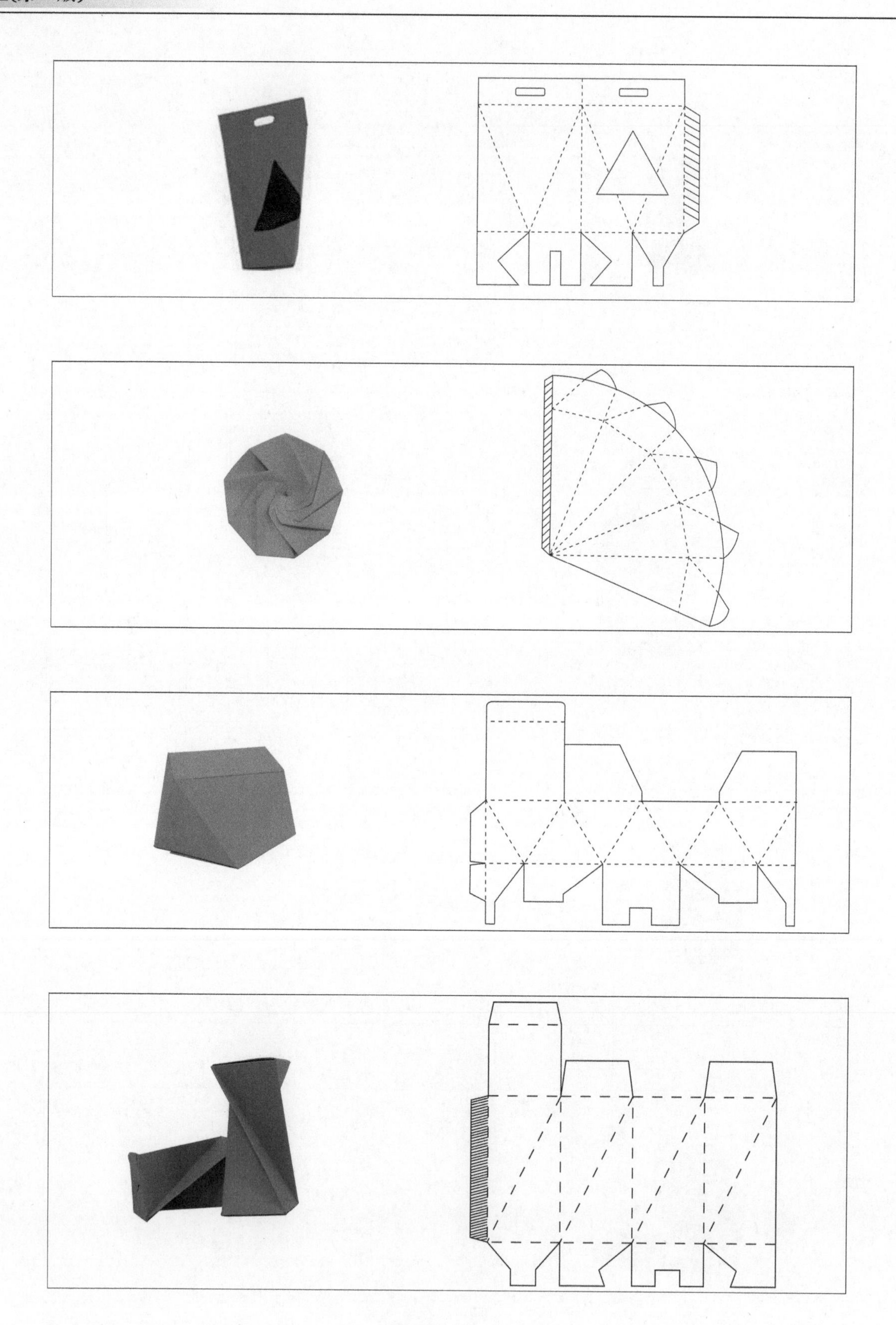

续图 5-55

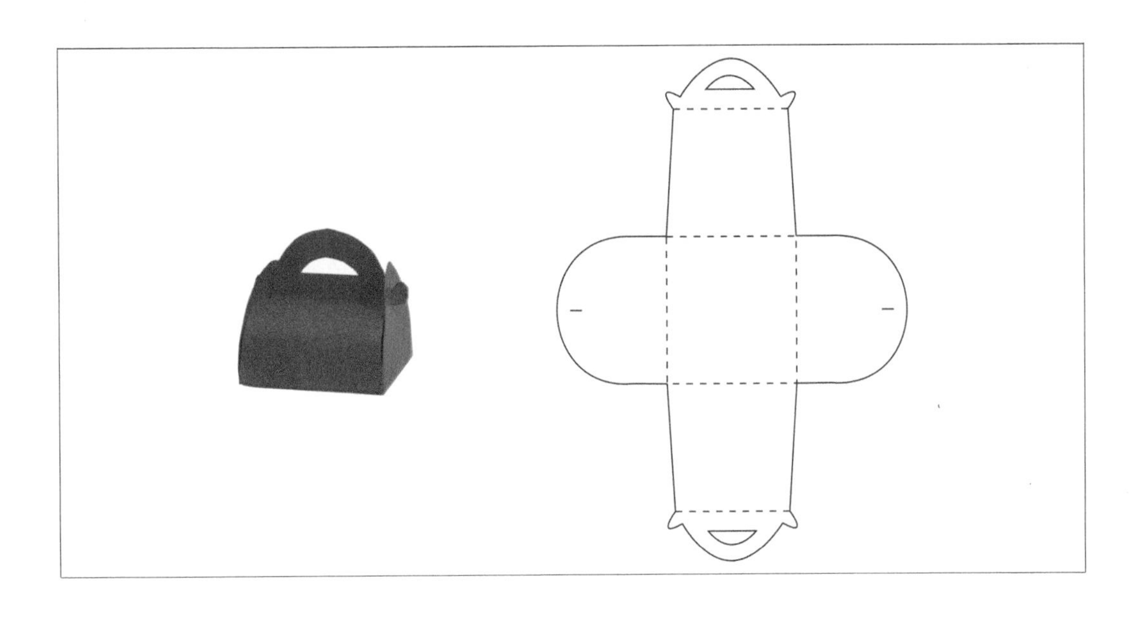

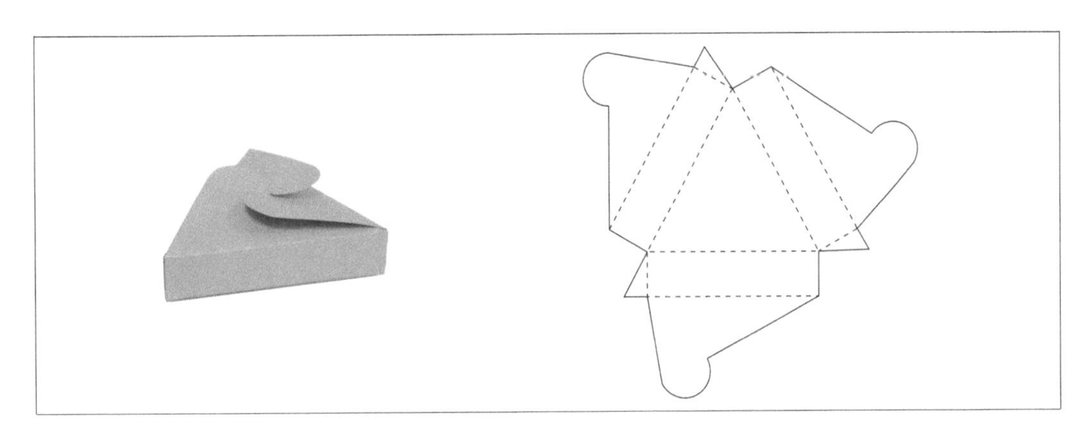

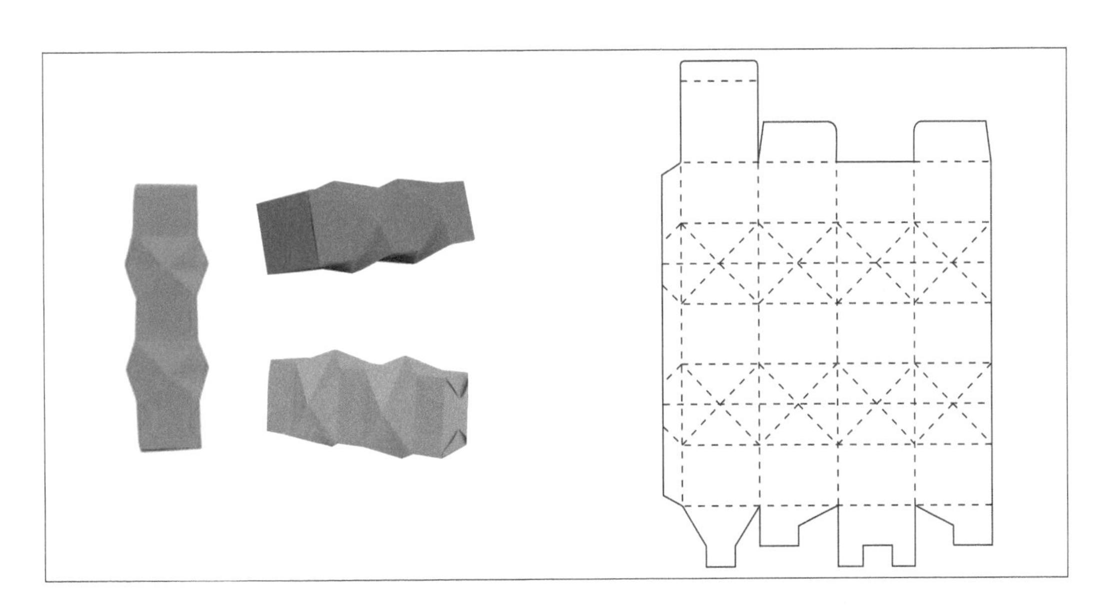

续图 5-55

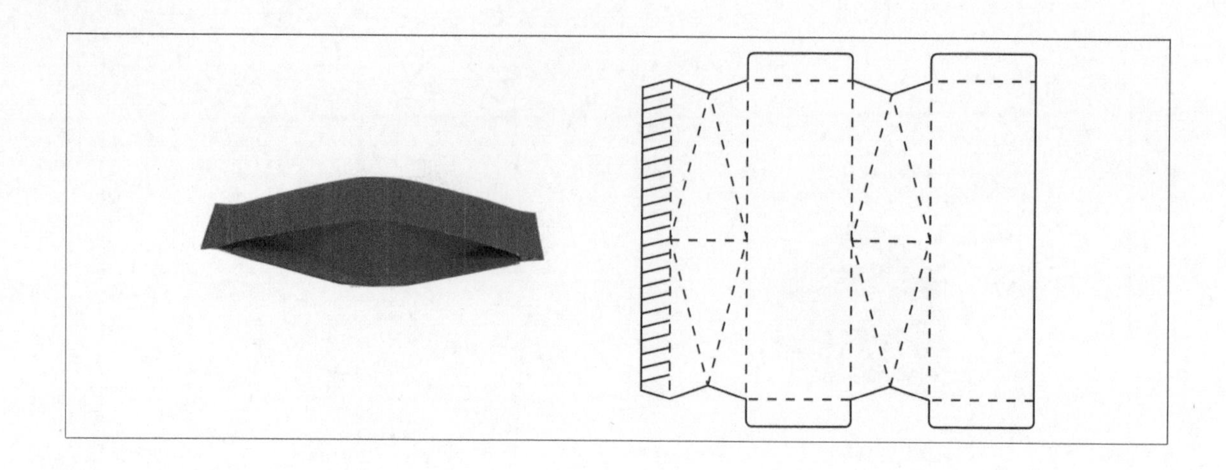

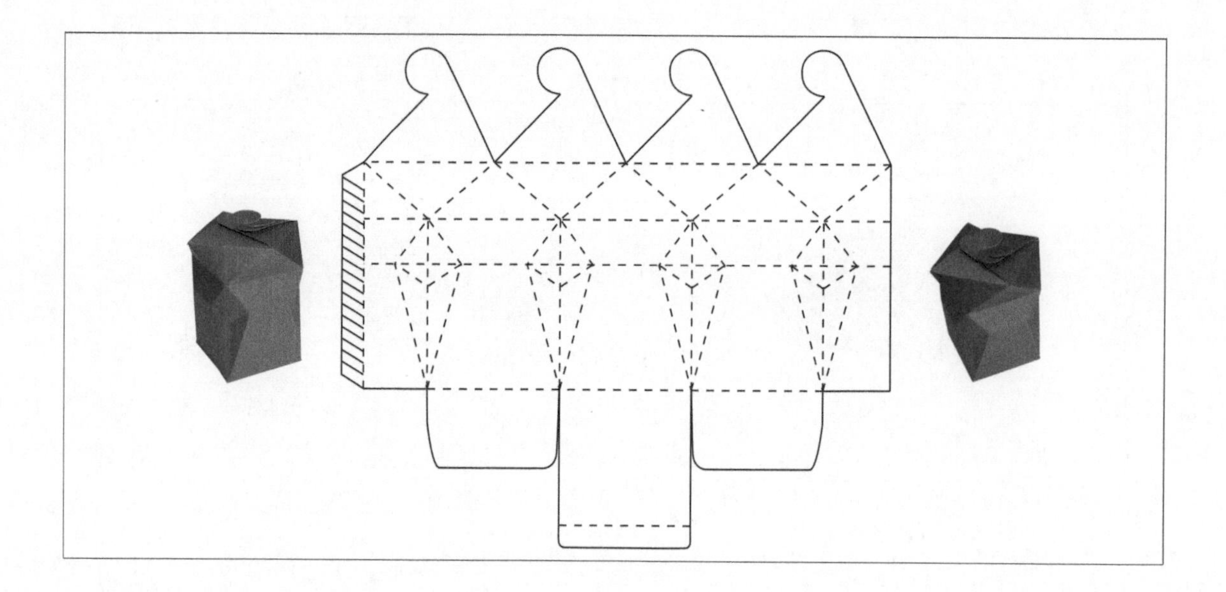

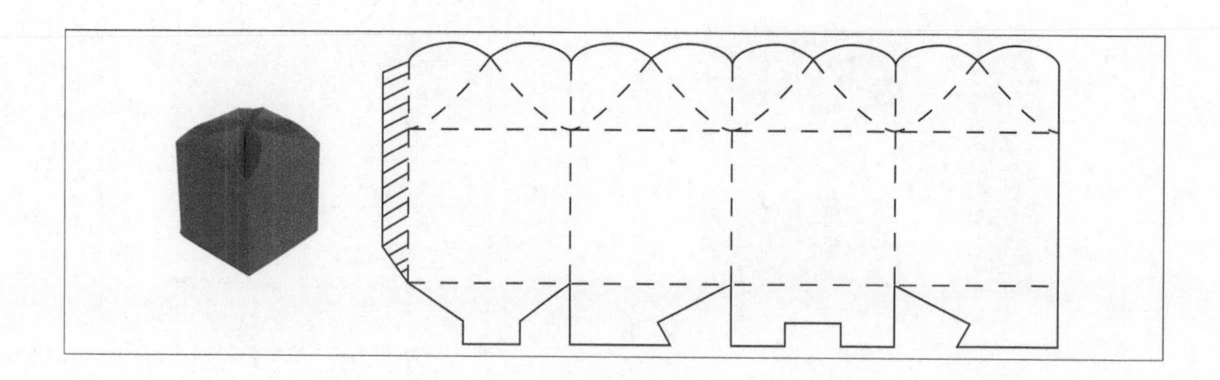

续图 5-55

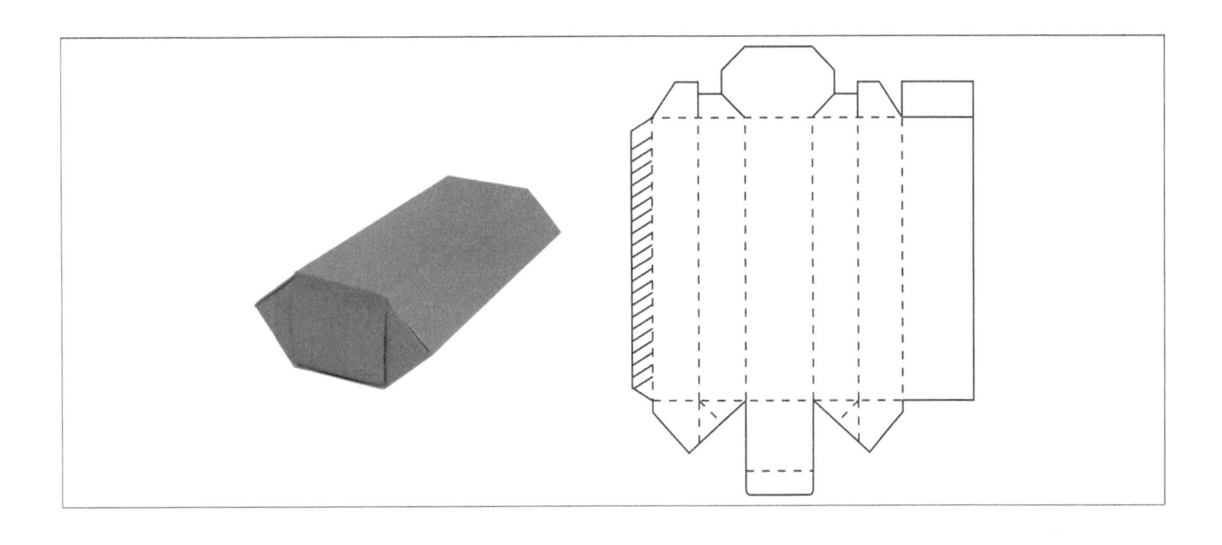

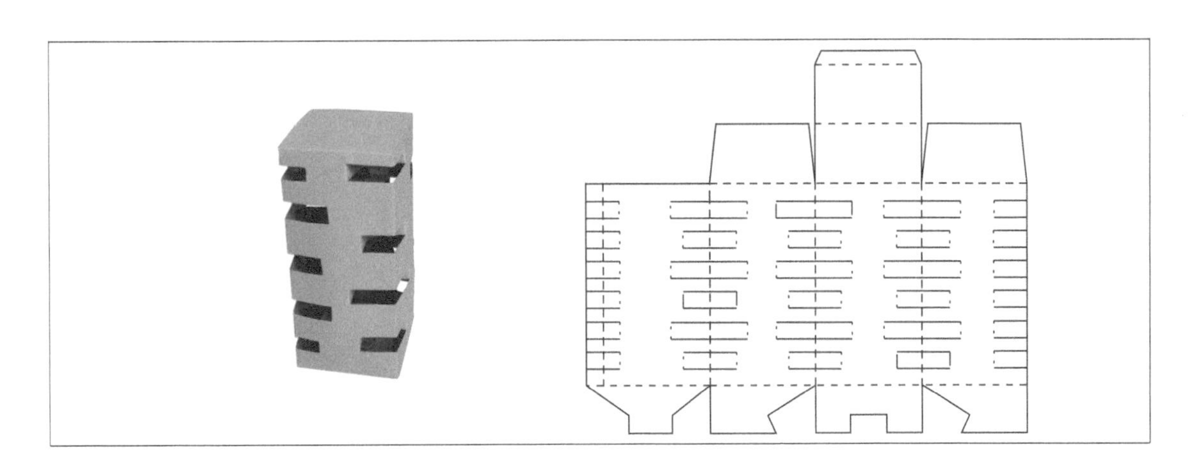

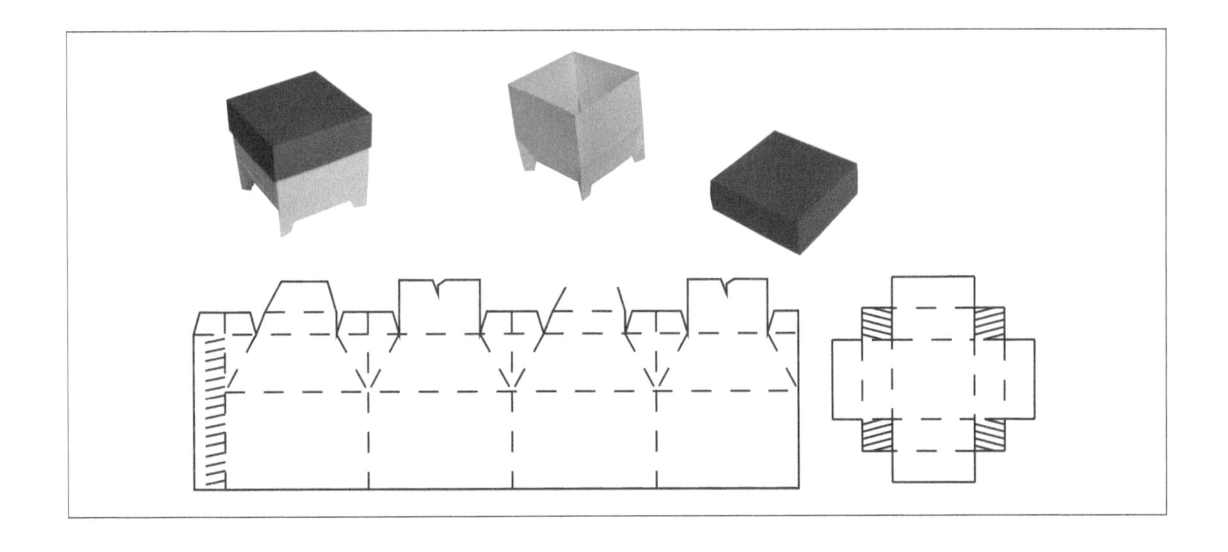

续图 5-55

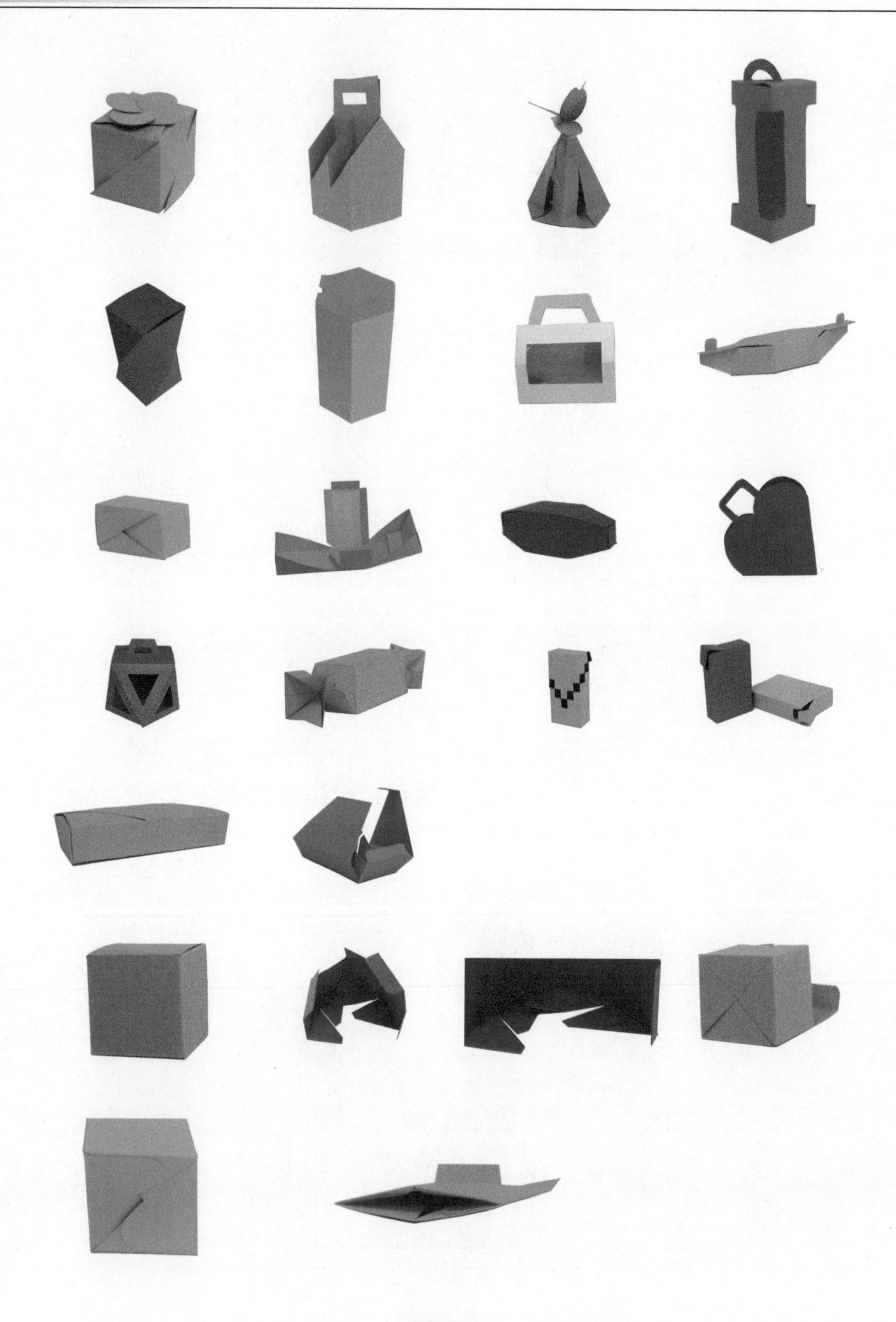

续图 5-55

第七节 学生主题纸盒包装结构设计欣赏

第四届"黄鹤楼杯"异型盒烟包装设计大赛获奖作品如图 5-56 所示。

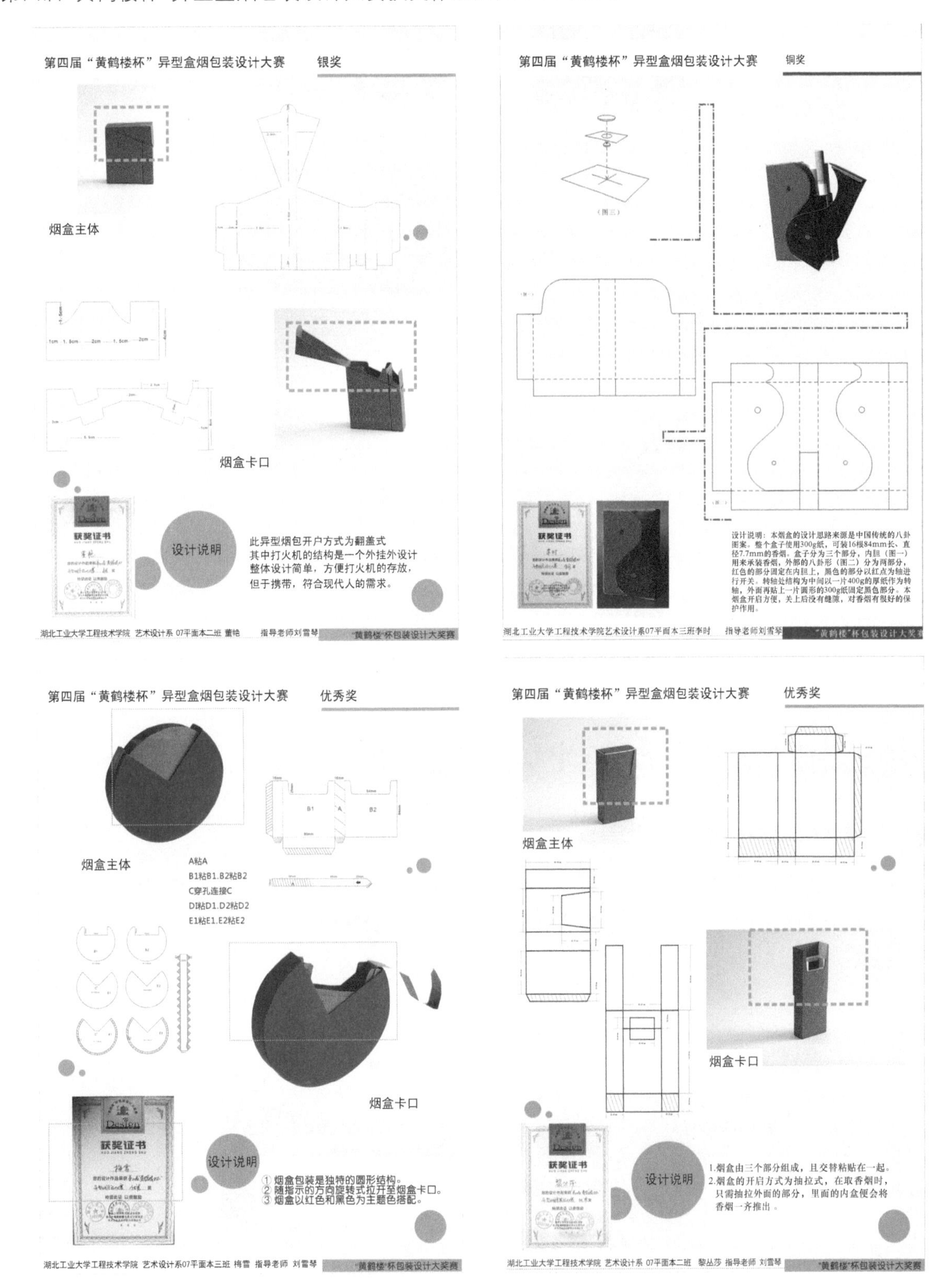

图 5-56 第四届"黄鹤楼杯"异型盒烟包装设计大赛获奖作品

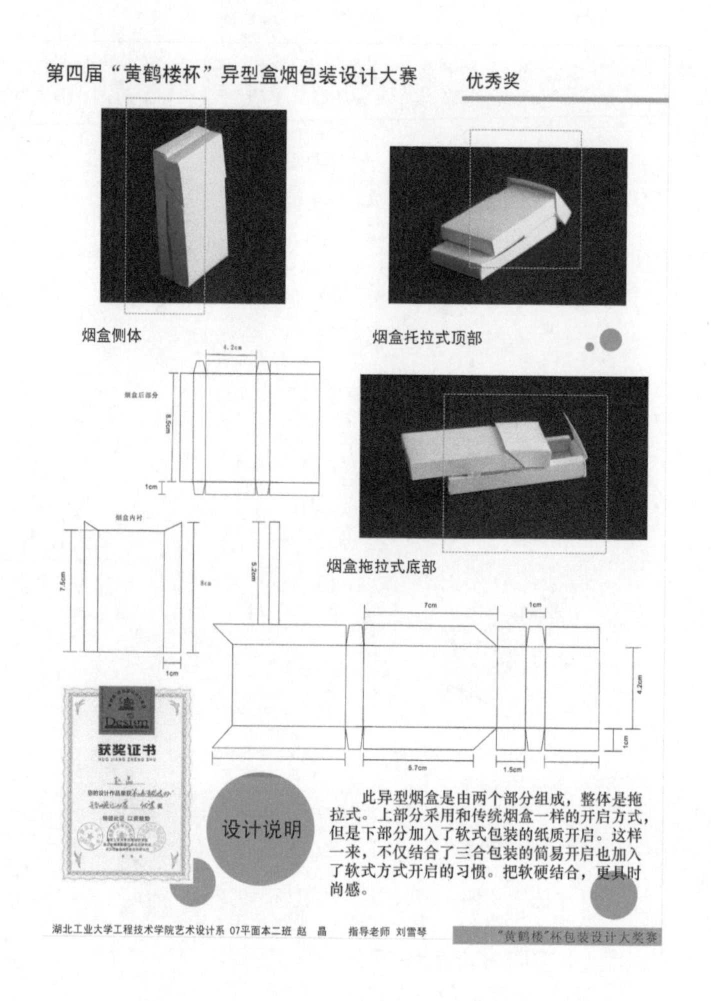

续图 5-56

第八节　易碎物品纸盒包装结构设计欣赏

欣赏图 5-57 所示的易碎物品纸盒包装结构设计。

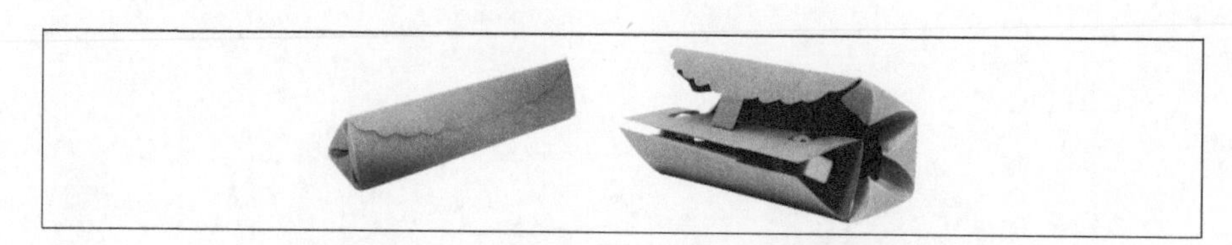

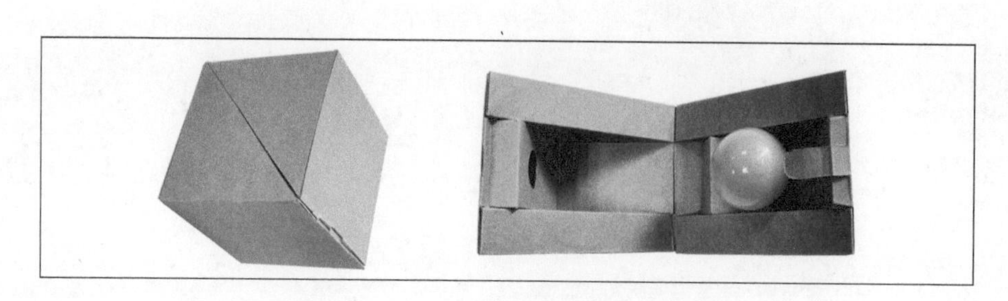

图 5-57　易碎物品纸盒包装结构设计欣赏

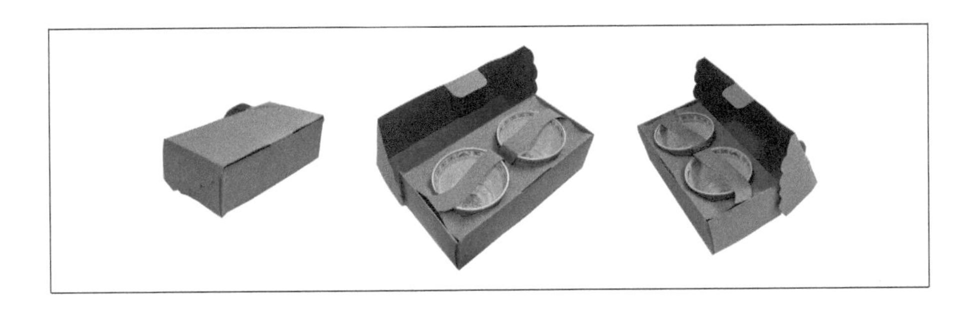

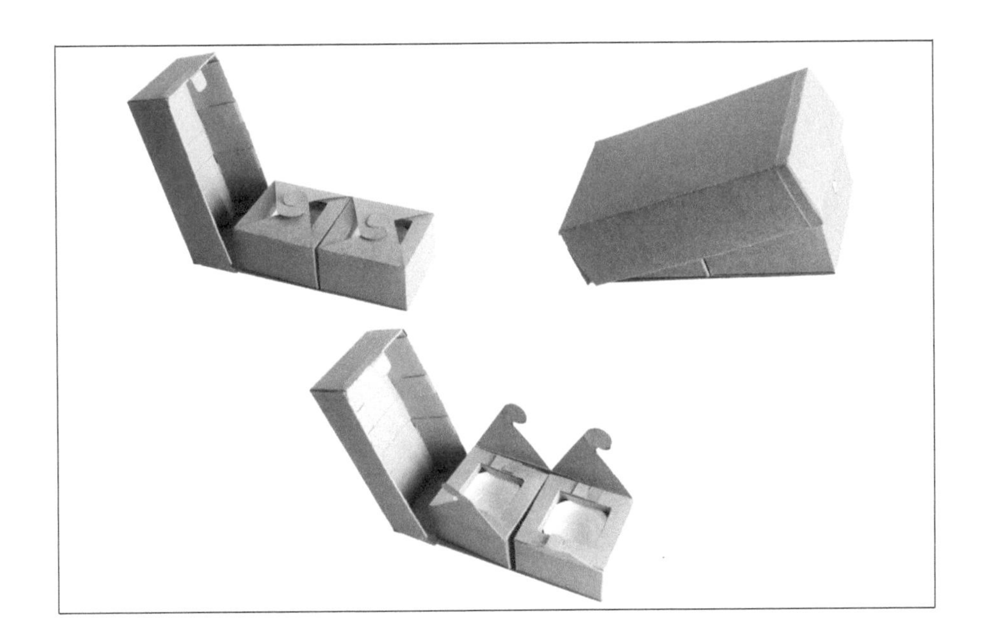

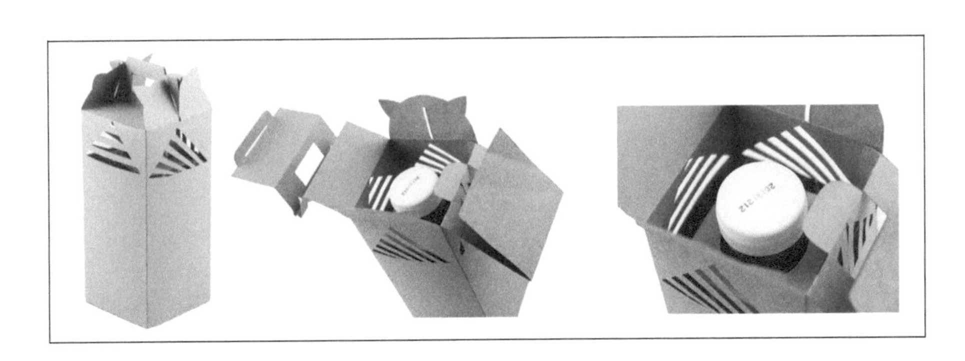

续图 5-57

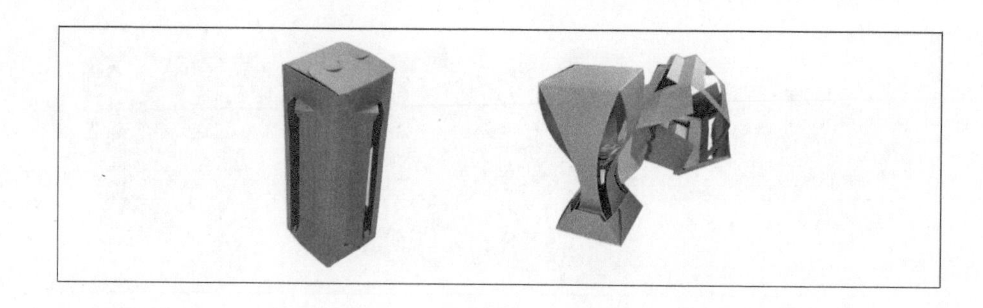

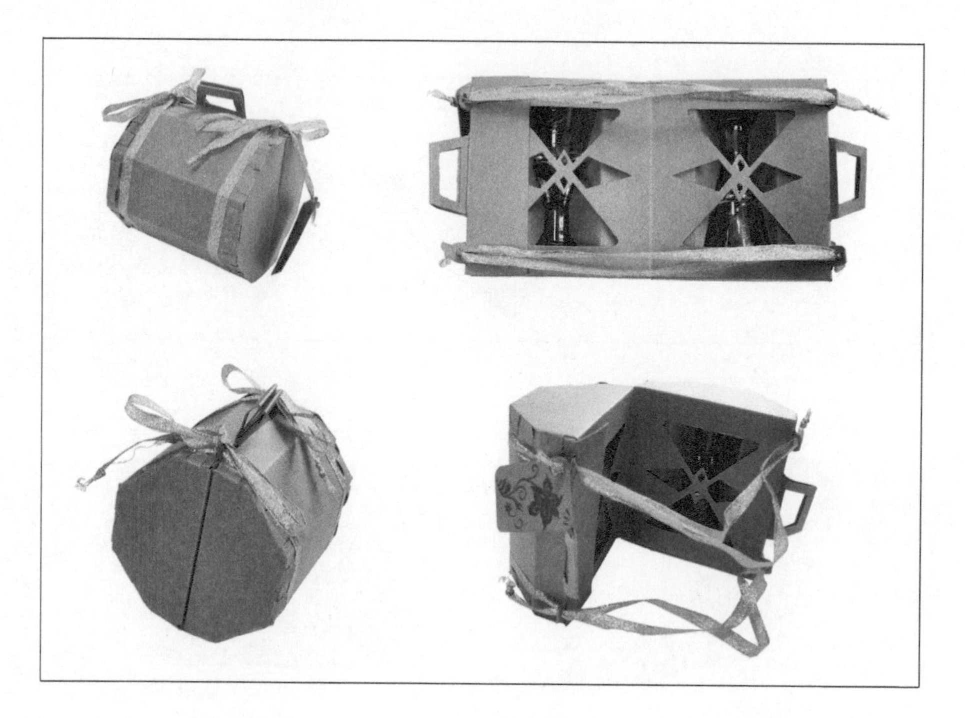

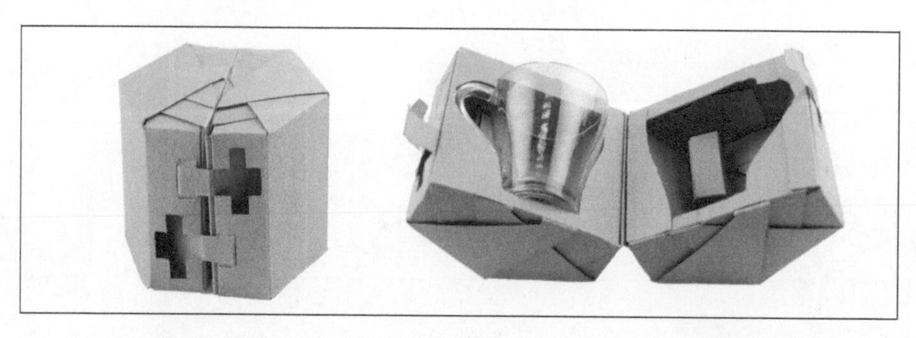

续图 5-57

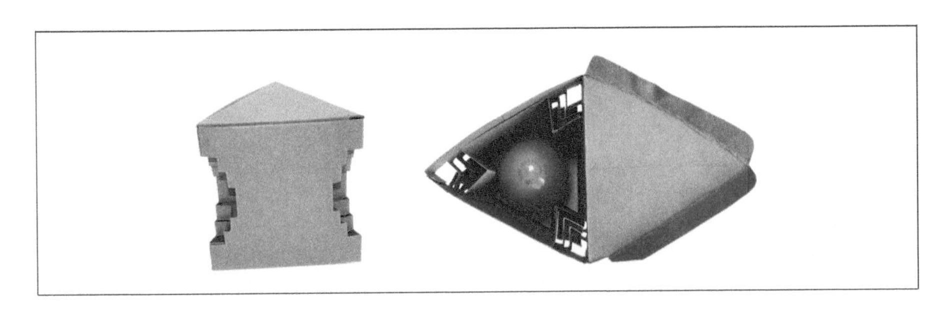

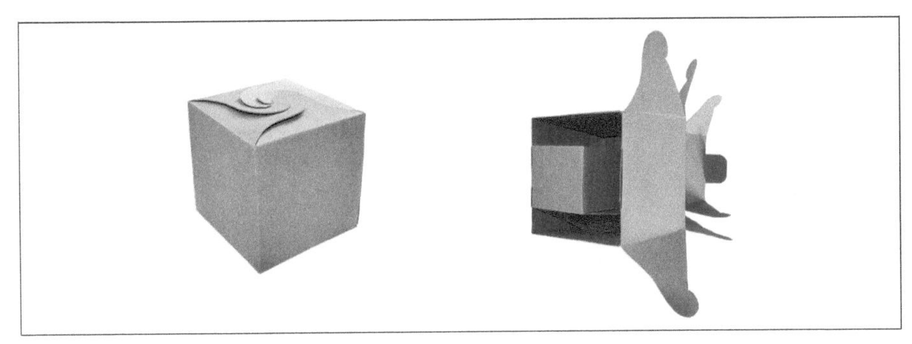

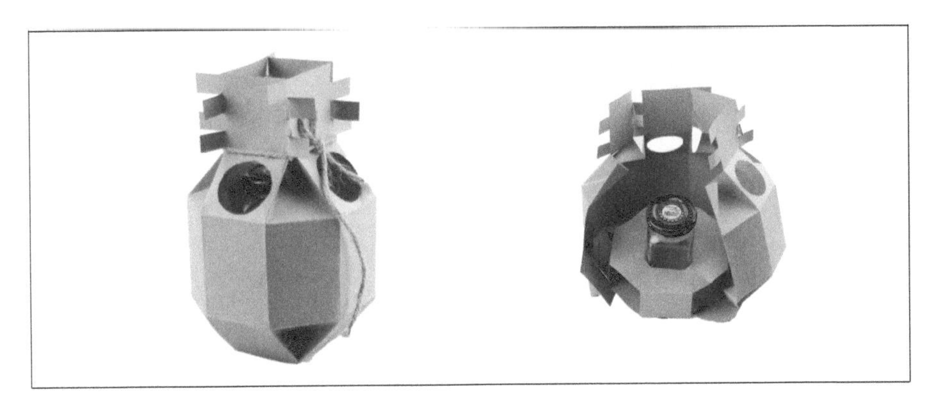

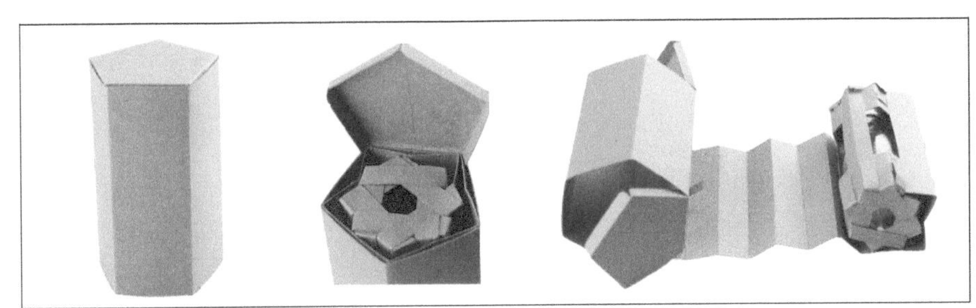

续图 5-57

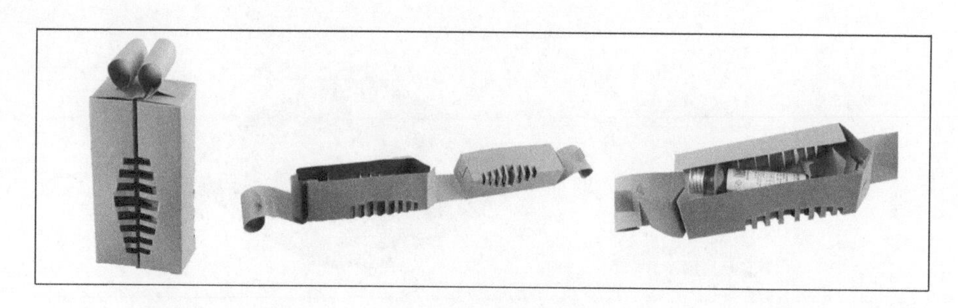

续图 5-57

第六章

包装的视觉传达设计

第一节　包装设计中的文字设计

第二节　包装设计中的图形设计

第三节　包装设计中的色彩设计

第四节　包装设计中的版式设计

学习目标

通过对本章的学习，让学生知道包装的视觉传达设计是包装设计的重要组成部分，同时了解包装的视觉传达设计元素主要有包装的文字设计、图形设计、色彩设计和版式设计。通过对各元素的单独讲解，要求学生掌握各组成部分的设计方法与技巧，进而能独立完成包装的视觉传达设计。

学习要点

- 包装设计中的文字设计
- 包装设计中的图形设计
- 包装设计中的色彩设计
- 包装设计中的版式设计

教学要求

教学中要求教师除了讲授理论知识外，还需要安排不少于 4 个课时的案例欣赏与分析，主要是结合当下国内外的设计大赛或流行趋势，加入优秀包装设计案例欣赏与分析，向学生传达最新、最前沿的包装视觉传达设计信息，利于学生在设计中对时尚性和时代感的表达。

包装设计的定义与内涵，充分说明包装设计是从包装的整体功能目的出发，包含包装工艺与包装材料的选择、包装造型与结构设计、包装的视觉传达设计(包装装潢设计或包装的平面设计)等整体系统的设计概念。包装设计必须适应不同的社会环境与运输销售方式，为人们提供最合理、方便的消费方式，反过来又引导消费潮流，影响包装工业的发展。包装的视觉传达设计显然也包含在包装整体的设计之中。

包装的视觉传达设计，就是利用图形、文字、色彩、版式及外观造型等，通过艺术手法传达商品信息的创作过程。包装的视觉传达设计是包装设计的一个重要方面，或者说是包装整体设计不可分割的重要构成部分。包装的视觉传达设计贯穿于包装设计的形式风格、选材、造型、结构、文字、图形、色彩等设计的全过程，其主要是从审美信息心理角度解决包装的精神功能问题。正确的包装设计方法，应该是从包装的整体系统设计观念出发，同时考虑解决包装的物质与精神功能和生产工艺技术问题，两者相辅相成，不可分割。虽然对包装的局部进行改进时，可以相对地进行局部独立设计，但仍应从整体系统的思维观念，服从整体功能设计目标的需要。

第一节 包装设计中的文字设计

包装中的文字是传达商品信息的重要途径和手段，文字在包装上运用得恰当与否，会影响消费者第一时间对产品的认知，因此也就成为包装能否完成促销任务的重要条件。

文字本身是经过漫长的发展演变而来的，本身就具备了形象美和艺术的气息。包装设计者若能善用文字，凭字与字的编排、变化及字体的灵活使用，就能构成一副极具艺术气质的设计作品。文字设计在包装中不仅是信息传递的手段，同时也是构成视觉感染力的重要因素。也因此，文字成为包装设计中视觉传达的主体元素。(见图6-1)

图 6-1　文字在画面中所占的空间比重大，是重要的信息、视觉元素

一、包装中文字的类别

1.品牌形象文字

品牌形象文字包括品牌名称、商品名称、企业标志名称和厂名。这些文字代表产品形象，是包装设计中主要的视觉表现要素之一。品牌形象文字应精心设计使其具有强烈的形式感，并且将其安排在包装的主要展示面上。

2.广告宣传性文字

广告宣传性文字即包装上的广告语。它是宣传商品特色的促销性宣传口号，有时可以起到强大的促销作用。这类文字内容应做到诚实、简洁、生动，并遵守相关的行业法规。用做宣传商品特点的推销性文字，字体设计及编排部位较自由活泼，但并不一定是包装上的必需文字。

3.功能性说明文字

功能性说明文字是对商品内容作出细致说明的文字。功能性说明文字的内容主要有产品用途、使用方法、功效、成分、重量、体积、型号、规格、生产日期、生产厂家等信息，以及保养方法和注意事项等。

功能性说明文字主要体现了商品的功能，因此文字通常采用可读性强的印刷字体，位置主要安排在包装的侧面或背面，或者根据包装的结构特点安排在次要位置，也可以以单页的印刷品说明书形式附于包装内部，也就是产品说明书的形式。

二、包装设计中文字的类型

图 6-2　主题文字是拉丁字母

1.基本文字

(1)汉字　汉字历史悠久，字体造型富有变化，是包装设计中的生动语言符号。常用的印刷字体有宋体、黑体、仿宋体等。

(2)拉丁文字　拉丁文字是世界上应用最广的字母文字。汉语拼音字母也采用了拉丁字母。拉丁文字由 26 个字母构成，字母有大、小写之分。拉丁文字形体简练、规范，便于认读和书写，在包装设计中运用非常广泛。包装中最常用的有古罗马体、现代罗马体、哥德体、意大利斜体、无饰线体、草书(书写体)等。(见图 6-2)

(3)阿拉伯数字　阿拉伯数字是国际上通用的数码。在我国的应用非常广泛，包装上的很多信息都来源于数字，如产品重量、日期、厂家的电话，等等。

2.汉字的书写体

书写体主要有甲骨文、大篆、小篆、隶书、真书(楷书)、行书、草书。文字可以体现民族文化特色，文字的演变是人类文明史的产物和奇迹。在我国，文字的书写更发展成为书法艺术，即中华民族审美文化的一种象征性的艺术表现形式。人们通过书法抒发自己情感的同时，也使书法字体本身具备了多种多样的形态和精神表象。因此，书写体文字也是包装设计中常用的一种字体元素。(见图 6-3)

3. 创意文字

在包装设计中品牌形象文字应用最多的是创意文字。创意文字主要是在原字体(汉字中的宋体和黑体等，拉丁文字中的罗马体和无饰线体等)的基础上进行装饰、变化、加工而成的。它在一定程度上摆脱了字形和笔画的约束，可以根据文字的内容运用丰富的想象力重新组织字形，而在艺术上对其作较大的自由变化，以达到加强文字的内涵并使之富于感染力的目的。(见图 6-4)

图 6-3　主题文字是书法字体

图 6-4　主题文字是创意设计字体

三、包装设计中文字设计的原则

1. 易读性

包装中的文字设计，主要是主题品牌、名称的字体设计，应注意其合理的结构，增强文字的易读性，以发挥文字传达信息的作用。装饰手法要鲜明，让消费者在较短时间内能识别，不能变化过度，令人费解。异体字和不规范的简化字要禁用，繁体字除我国港台地区外一般不用，使用的篆体、草书、行书要注意大众识别性。

2. 艺术性

文字是由横、竖、点和圆弧等线条组合成的形态，可以运用对称、均衡、对比的原理来设计和谐、美观的文字。在设计中应善于运用好美的形式法则，使文字造型以其艺术魅力吸引和感染消费者。

3. 独特性

商品包装主题文字，要做到醒目，个性化的字体设计是产品独特性的表现，使消费者感觉耳目一新。

4. 突出商品属性

包装文字的设计应和商品内容紧密结合，并根据产品的属性来进行造型变化，使之更典型、生动、突出地传达商品信息，树立商品形象，加强宣传效果。

5. 时尚性

文字设计应体现一定的时代性，符合当下的审美要求，并考虑消费者的审美情趣的变化。

四、包装设计中的文字编排

1.包装设计中文字编排的原则

(1)分清主次、主题优先　要先确定主要展示面(放在货架摆放时面对观众的一面)。主要展面上一般摆放主题文字、生产商名称和主体图形。次要展示面如果中、外文结合,应摆放以外文为主题的文字和生产商。主、次面两边摆放成分、使用方法。(见图 6-5)

图 6-5　主展示面摆放重要的商品信息如品牌、产品名称、主要图形等

(2)整体感要强　包装是一个多面体,单独摆放是一个完整的形体,即以每一个面的文字摆放都要考虑到几个面同时观看的整体性和连续性;一件包装上的主体文字使用要统一,不能一面一个字体,组合和套装的产品不能一件一个字体。

(3)选择适合的字体体现商品个性　选择适合的字体是增强商品个性化的首要条件。字体选择应用得是否恰当、精到,将对一件包装设计的视觉传达效果起到十分明显的作用。字体选择时,要注意字体与内容在性格气质上吻合或象征意义上默契,不同形态的包装运用不同的字体,以适应造型与结构的特质。如五金电器用黑体汉字、拼音配以无装饰体,会产生稳定、坚定、重量感;儿童用品多用圆立体或变体,拼音可用意大利斜体,会产生活泼和亲切感。

2.包装设计中文字编排的基本要求

(1)版心和边框、空白距离要适度,即要适合包装平面设计的整体空间安排与构图效果。

(2)版栏的划分,每行文字的长度要适度,不宜过长也不要过短,过长视觉信息太多,会让人厌烦,不便阅读。

(3)行距要大于字距,一般在半字高和一个字高之间。

(4)说明性文字一般都是拿在手上看的,不宜过大或过小。

(5)通常一件包装上有二三种字体,再加上字形的长短、大小变化已经足够了,选用文字不宜太多,否则会产生凌乱感。

3.包装设计中文字编排的基本形式

就包装文字编排的形式变化而言,并无一定的模式,一般可以分为以下常用类型:横排式、竖排式、斜排式、圆排式、阶梯式、轴心式、穿插式、集中式、对应式、重复式、象形式等。以上这些形式可单独使用,也可几种形式互相结合应用,在实际编排中还可以设计出更多的形式。这些编排形式必须以商品表现为前提,要与商品属性相适应，同时注意新颖、独特、清晰的编排变化，不能顾此失彼、本末倒置。

第二节 包装设计中的图形设计

图形总是占据包装画面的大部分，甚至占据整个画面，因此图形是包装中重要的视觉传达元素。在视觉顺序上，一般它仅次于吸引人的品牌名称，处于第二位。但有些出色的图形却往往首先吸引人们的注意，成为传达商品信息，刺激消费的重要媒介。

一、包装设计中图形的特点

1. 直观性

直观性(见图 6-6)是指直截了当、一目了然，也就是包装装潢设计的图形是直接描绘内装商品的形象特点，而不是拐弯抹角或是间接地体现。

2. 相关性

相关性(见图 6-7)就是相互关联的意思，就是在内装商品与外包装图形中找出一种相关性，体现出二者的连接点。与直观性相比，它更生动形象。如食品中的很多包装：花生油与花生、咖啡与咖啡豆、葵花子与向日葵、果汁与新鲜水果等。

图 6-6 直观性图形直接展现内装商品形态和样式

图 6-7 通过相关性图形可以了解这款饮品的原材料和口味

3. 单纯性

单纯性是相对复杂性而言的，即诉求单一，也就是“一次只说一件事”。面对产品的多重诉求点，设计师只针对某一显著而具有独特特点的一点展开设计。如：设计一件女士化妆品，它具有美白、去油、去痘等多重功效，但在外包装设计上只能针对某一显著特点进行构思，将这一点无限放大，使诉求单一、形象单纯。

二、包装设计中图形的特点

1. 具象图形

具象图形是指对自然物象的直接描绘。它可以通过人们的感觉器官直接感知，能真实、直接、写实地再现原有物象的特征，可以通过以下手段得到。

(1)摄影(见图 6-8) 最为广泛的手法之一。利用特殊摄影技巧和光影变化，可以得到一些意想不到的效果。

(2)绘画(见图 6-9)　绘画较摄影更显得自由随意,可以不受客观对象的限制。

图 6-8　摄影形式的图形

图 6-9　绘画形式的图形

(3)超写实绘画　又名新现实主义或照相写实主义。它源于美国,如同商业摄影那样,能完全真实地再现物象。

2. 抽象图形

抽象图形是指经过概括提取、人工雕琢的图形样式。它通过对原有对象的分析解剖,利用各种构成形式将其本质特征概念化、视觉化。

图 6-10　图形运用文字符号和简洁的几何形态

(1)文字符号　单纯运用文字符号作为其主要的图形设计。如从象形到意形文字,从甲骨文到篆书,从书写体到印刷体等。

(2)几何形　通常指利用点、线、面的构成形式,进行理性规划或感性排列,进而形成有规律可循的图形式样。

(3)偶发形　主要是强调一种偶然性,如传统包装中常采用一些泼墨的效果。

图 6-10 所示图形就是运用文字符号和简洁的几何形态得到的抽象图形。

三、包装设计中图形的创意

包装设计中图形的创意就是通过直接或间接的联想方式,在内装商品与外包装设计中找到一个连接点,通过某种视觉的语言将内容物准确快速地传递给消费者。

1. 真实再现

通过各种手段对内容物进行真实描绘,如照片。

2. 概括提取

它是对商品形象特征进行整合性处理,从而提取精华部分。(见图 6-11)

3. 夸张变形

它是将内容中的某些显著特征进行放大处理,使其更加突出,或对其特征进行变形处理,从而达到增强视觉冲击力的效果。(见图 6-12)

图 6-11　图形采用概括提取的方法简洁地塑造出了原材料的形态

图 6-12　方便面的包装上，图形将其口味形象无限放大，通过对局部图形的夸张强调商品的品质

第三节　包装设计中的色彩设计

色彩作为包装中的一种视觉元素，在包装设计中最具视觉冲击力，是商品包装中的重要信息传达元素，也是销售包装的灵魂。它是宣传企业和产品形象的重要视觉元素。

商品包装设计中的色彩效果，对商品销路有决定性的作用。成功的色彩运用，能给消费者留下极深刻的第一视觉印象，从而产生购买的欲望。

包装色彩具有单纯、夸张、浪漫实用、装饰等视觉特点，与商品结合还可以产生某种内在的联系性，使不同类别的商品有所区别，因此包装色彩还具有一定的心理暗示性。作为设计者，需要系统地掌握色彩基本理论，利用色彩的这些特性，通过色彩的对比协调来烘托气氛，加强商品的货架冲击力以刺激商品的销售，借此展示包装的促销功能。

一、包装设计中色彩的功能

（一）提高识别性

1. 提高商品在货架上的识别性

(1) 差别化定位　要多做市场调查，寻求色彩定位的差异化，选择与众不同的色彩效果。

(2) 群组化定位　在市场货架上一件商品在货柜上占的面积极为有限，一个品牌的产品包装为了扩大视觉效果，可以根据产品的不同功能、口味等，设计成群组化的包装组合形式，而采用不同的色彩进行区分，以此强化色彩的功能性。

(3) 利用品牌化、系列化的形式，形成色彩的群组化势力　如化妆品，系列化品牌的产品，用同一色系、不同的造型特色来体现一个系列化的色彩。

2. 提高企业形象的识别性

企业识别系统中的标准标志、文字、图形、色彩组合等，在包装设计中配套实施。

（二）体现商品的特色

1. 体现内装商品的形象色

这是直接体现内容物色彩特点的用色，一般用于内容物色彩特点浓郁、鲜明的包装，例如橘汁包装、咖啡包装等。

2.体现商品的象征色

在不同种类的商品包装中,能体现商品的特点、功能、类别的抽象色彩或色调就称做象征色。如女性用品多用柔和、淡雅、温馨的色彩。

二、包装设计中色彩的消费心理

1.色彩设计要适应不同社会群体消费者的心理特点

(1)针对不同年龄消费者的不同色彩爱好设计色彩。

(2)根据不同性别消费群体的心理特点设计色彩。男性一般喜欢冷色调,如各种蓝调、灰色调、淡色调(见图6-13);女性一般喜欢暖色调、亮色调(见图 6-14)。

图 6-13　男士护肤品

图 6-14　女士护肤品

(3)根据不同教育水平消费者的心理特点设计色彩。

2.色彩设计与不同民族、文化、宗教信仰、地域特色的消费心理

各个国家、民族由于社会、政治、经济、文化等的不同,对色彩都有着各种截然不同的喜好和认同,应根据不同消费对象采用不同的色彩选择。

在设计包装色彩时,充分了解不同性别、年龄、文化群体的色彩心理,洞察不同地区的色彩文化特征,使之与民族文化、宗教信仰、对象群体特征吻合,这对商品的销售能起到至关重要的作用。

三、包装设计中色彩设计要注意的问题

(1)商品包装主色调应表现商品内容且突出显示商品本身的差异性、吸引力,强化产品特性。

(2)商品色彩的整体搭配应和谐、完美地统一在一个画面之中。

(3)色彩设计应考虑印刷工艺,即使用有限的颜色产生无限丰富的色彩效果。

(4)在货架、橱窗展示上应有很强的视觉冲击力,并且能引起消费者感情的共鸣。

第四节　包装设计中的版式设计

包装的版式设计就是将包装中所有的视觉元素在整体上的总体安排,是在整体画面上体现商品主要内容的外部形式,是构思形象化的具体体现。包装的视觉传达设计要通过色彩的处理、图案的描绘、文字字体的选

定，以及整体安排等一系列程序，需要设计者对每个组成部分做到周密的安排。因此，建立正确的构成观念，更典型、更集中地处理有关设计成分的整体关系，是包装视觉传达设计必不可少的重要环节。

一、包装设计中版式设计的原则

（一）内容决定形式

由于版式是体现设计意图的，整个版式构图的过程必须以设计意图为依据，围绕这一中心，不断地把版式上的变化与设计意图紧密联系起来，才有可能充分发挥版式的效用。例如食品包装，若是儿童糖果，就要从少年儿童的年龄特点、爱好来考虑版式的风格，应以生动、活泼、自由为好；若是高档酒，由于常作为礼品包装，则应以较严谨的风格取胜。对于高级香水包装、高级首饰品包装，则更需要特殊的格调，表现或典雅或浪漫的风格。总之，版式的变化是极其丰富的，需要按照不同要求的包装内容来决定其具体形式。（见图 6-15）

图 6-15　这套儿童茶的包装，三种不同的颜色包括了橙子、红莓、桑葚三种口味。色彩和图形设计都非常可爱，在版式设计上也采用了相对较为自由的构图方式，更能适合儿童这个目标群

（二）要有整体性要求

包装的视觉传达要素有很多，如产品名称（包括汉语拼音）、商标、图形、用途说明、规格，等等，所有这些要素在大小比例、位置、角度、串间处理、节奏及与容器造型的各个面，以及色彩等各方面的关系上是相当复杂的。而从包装装潢设计必须发挥促进销售的作用来讲，却又要求包装能在瞬间简明、快捷地向消费者传达商品信

息。这种既复杂又简明的表达方式,尤其需要强调版式的整体性。

1.系列化包装的整体性

要在一个整体形象下来完成每一个产品的各自的特色设计。在设计单件产品时,在统一的格局下,从局部部位的产品个性特色上来体现其整体性,如图 6-16 所示。

图 6-16 系列化包装,有统一的文字、版式、包装造型,但根据不同的口味在图形和色彩上又有不同,共性与个性兼具

2.单件包装设计构图的整体性

(1)单件产品的整体性设计　任何一件包装产品,不论大小,都是一个完整的立体的形态,都有几个面的统一布局的整体关系。首先要注意几个面的相互关联,其次要考虑消费者观看产品的流程习惯。

(2)包装每一个面的构图完整性

主要展示面:每一个面都要认真对待,第一眼要让受众看到的元素、主要向观众展示的内容都要在主要展示面上表现出来。可利用角度、比例、排列、距离、重心等来突出主题形象。

次要展示面:次要面有的一个(两面装)、有的两个(三角形)、有的三个(圆锥形)、有的四五个,每一个都是包装的一部分。

(三)强调突出主题,主次分明,一目了然

(1)先左后右　由于人们的观看习惯是从左往右,人对处于画面左边图像的感知度明显高于右边。

(2)抓住中央　如果想得到好的视觉效果,占领中央是一个有效的方法。人在生理上的视觉中心往往高于几何中心。

通过以上分析,可以把最重要的视觉元素,放在醒目的、重要的、最易发现的位置,这样才能突出包装所要传达的信息主题,只有把主要信息和次要信息在视觉发现上分清先后次序,才能让消费者在众多的商品信息中找到最主要的信息内容。

二、版式设计中空间的处理

1.版式设计中形象与空间的处理

构图布局过程中,各个相邻元素的空间距离的位置经营要恰到好处。间隙小,有紧凑感也紧张;过小,则识别性就差,不利于阅读。间隙大,有舒展感;过大,则有松散感。

2.形象与空间的关系

(1)对比关系　合理运用空间,巧妙地安排形象,既要突出形象,又要给视觉留出一定的休息空间。

(2)衬托与反衬托的关系　包装装潢画面上形象与形象、形象与空间经常是处于衬托与反衬托、占领与被占领的关系。形象与形象是互相交错重叠,相互衬托的关系。

3.空间形象的延伸

为了扩大商品在货架上的展示面积,增强视觉效果,把主体形象分布在包装形态的几个不同的侧面上,形成完整的形体,在货架摆放时把几个不同侧面同时连起来摆放,这就形成了空间形象的延伸,如图 6-17 所示。

三、版式设计的基本形式

版式设计的形式与变化是无限的，大体上可归纳出以下常用的构成类型。

1. 对称式

对称式构成形式可分为上下对称、左右对称等。其视觉效果一目了然，给人一种稳重、平静的感觉。在设计中应利用排列、距离、外形等因素，造成微妙的变化。（见图 6-18）

图 6-17 主图形分布在个展销面上，这样就可形成空间形象的延伸

图 6-18 对称式版式

2. 均齐式

均齐式具有横向平行、竖向垂直、斜向重复的构成基调，在均匀、平齐中获得对比，简洁大方，是较为常用的形式。在单一方向的构成中，一般要注意处理上、中、下三段关系的变化。（见图 6-19）

3. 线框式

以线框作为构成骨架，使视觉要素编排有序，具有典雅、清新的风格。在具体构成时应视情况而变化，避免过于刻板、呆滞，画面中不一定要出现有形的线，画面轮廓形成视觉上的线也有同等作用。（见图 6-20）

4. 分割式

分割式是指在视觉上要有明确的线性规律。分割的方法有以下几种：垂直对等分割、水平对等分割、十字均衡分割、垂直偏移分割、十字非均衡分割、斜形分割、曲线分割等。运用分割时须利用局部的视觉语言细节变化，从而造成生动感与丰富感。（见图 6-21）

图 6-19 均齐式版式

图 6-20 线框式版式

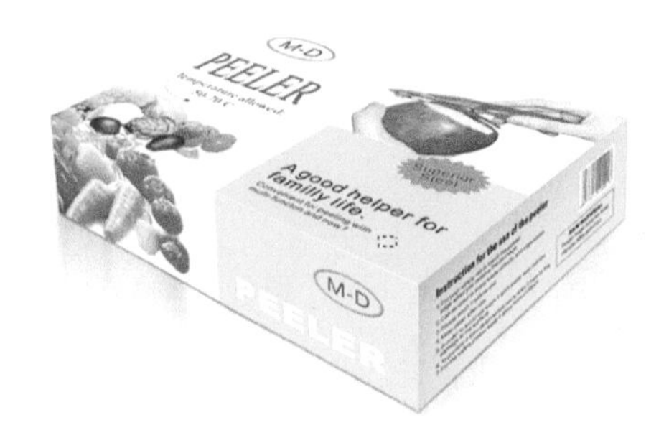

图 6-21 分割式版式

5. 参插式

参插式是将多种图形与文字、色块相互穿插、嵌合、透叠、交织的构成方式。多种形式的运用能带来富有个性的创新效果，既有条理又较丰富多变。在进行组织构成时，也应不断运用对比与协调的原则，达到乱中求齐、平中求变的效果。(见图 6-22)

6. 重复式

重复式是重复使用完全相同的视觉要素或关系元素，与图案设计中的连续纹样相似。重复的构成方式一般会产生单纯的统一感，平稳、庄重，可以给消费者留下深刻的印象。在重复的基础上，稍作变化，将会产生更加丰富的效果。(见图 6-23)

图 6-22　参插式版式

图 6-23　反复式版式

7. 中心式

中心式是将视觉要素集中于中心位置，四周留有大片空白的构成方法。主题内容醒目突出，整体形象高雅、简洁。所谓中心可以是几何中心、视觉中心，或成比例需要的相对中心。在设计时应讲究中心面积与整个展示面的比例关系，还须注意中心内容的外形变化。(见图 6-24)

8. 散点式

散点式是视觉要素分散配置排列的构成方法。形式自由、轻松，可以造成丰富的视觉效果。构成时需讲究点、线、面的配合，并通过相对的视觉中心产生整体感。(见图 6-25)

图 6-24　中心式版式

图 6-25　散点式版式

9. 聚焦式

聚焦式是将基本图形、文字与色块放在包装边、角或中心视觉较集中的地方，通过疏密的对比及大面积的留白，突出主体文字与图形，其视觉效果的冲击力很强，极具现代感。在设计时要敢于留出大片空白，处理好空

白部分与密集部分的关系。(见图 6-26)

10. 对比式

图文编排特意制造较大的差异形成强烈的视觉对比，与聚焦式有相同的目的，但是更注重画面图文的趣味，有大小对比、高低对比、疏密对比等。对空白的处理不能盲目，差异固然能冲击视觉，但画面的均衡也要多加考虑。(见图 6-27)

图 6-26　聚焦式版式

图 6-27　对比式版式

11. 综合式

综合式是一种无固定规则的构成方式，而无固定规则并非不具有规律性，而是强调遵循多样、统一的形式规律，综合式的应用将会产生多样、丰富的效果。

【思考题】

分析和总结包装中各视觉传达元素的设计技巧。

【练习题】

在市场中找一款你认为有改进空间的产品包装设计，从文字、图形、色彩、版式各方面进行分析，提出修改意见，制作改进设计报告书。要求手绘完成修改的包装设计图，需要色彩表现，绘制手法自定。

第七章

包装设计的主要表现形式

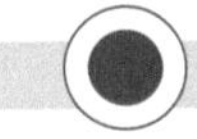

学习目标

通过对本章的学习，使学生了解包装设计的主要表现形式。包装设计的主要表现形式包括系列化包装和礼品包装。掌握每种表现形式的表达类型、设计要求、注意问题，等等，有利于学生在设计中准确把握设计表现形式，进行合理的包装成本预算与设计创意构思。

学习要点

- 系列化包装设计
- 礼品包装设计

教学要求

教学中要求教师强调系列化包装与礼品化包装并没有本质的区别，在设计的元素和制作的方法上是一样的，只是表现的形式不一样。在本章的教学中，增加优秀案例欣赏与分析的环节来辅助教学。

第一节　系列化包装设计

在商品生产高速发展的时代，同类商品生产厂家多，市场竞争非常激烈，单一的商品形象很容易被冲击、淡化、淹没。在此形势下，系列化包装设计有利于树立企业群体产品的整体形象、信誉，提高竞争能力，是现代包装设计中最普遍的形式。

一、系列化包装的定义

系列化包装是指将同一企业和同一商标联号企业中不同规格或不同系列化品种的商品，利用包装的视觉设计，通过造型、文字、图形、色彩等，采用统一的视觉特征，形成多种包装互相间有共同家族象征性联系特色，而又各具独立性的商品包装，也称为“家族式包装”。

系列化包装的出现及发展，符合广大消费者的审美心理。商品的多样化，使商品包装发展呈多样化。系列化包装设计可以把同一商标品牌、不同种类的产品用共性特征统一设计。系列化的核心为“物以类聚”，即按类进行设计，而不是零敲碎打地出一个产品就设计一个包装。

二、系列化包装设计的表现形式

系列化包装设计的表现形式较多，就市场上出现的种类，可以归纳为以下几种。

1. 不同规格与不同内容的多种商品系列化包装

采用突出统一的商标牌名形象，统一的主题文字字体，形成系列化包装。这种形式手法，根据包装设计的实际需要，包装的造型、平面构图、色彩可以根据表现商品的要求自由灵活发挥，主要是通过突出醒目的商标牌名形象和鲜明统一的品名字体，给人们以系列化的印象，同时又保持了丰富多样的不同商品特点。这种形式手法，对于人们愈来愈以品牌购货的现代市场尤为重要，是树立名牌商品体系的有效手段。(见图 7-1)

2. 相同产品，多种不同容量规格的系列化包装

采用完全相同的包装造型、图案、文字、色彩等视觉装潢形式，而以大小不同的容量规格品种形成系列化，如酒

图 7-1　不同规格与不同内容的多种商品系列化包装(快餐食品系列包装)

类、电池、牙膏、洗涤剂等产品的系列化包装。这种形式手法,有利于突出特定商品的独特形象与信誉,满足消费者不同量的购买需求。(见图 7-2)

3. 不同品种的同类商品系列化包装

采用统一的构图格局与形式手法,而区别以不同产品内容的图形(彩照、图案或开窗显示产品形象)、商品名称、色彩等,达到统一多样的系列化效果,例如多品种的糖果、果脯、糕点、工艺品等的系列化包装。(见图 7-3)

图 7-2　相同产品,多种不同容量规格的系列化包装(洗涤用品系列化包装)

图 7-3　不同品种的同类商品系列化包装(干果系列包装)

4. 容器造型、规格相同的同种商品系列化包装

采用统一的包装容器与同样的视觉设计方案,只是改变包装中的主要色调(底色),印成数种不同色调的同种

包装或标贴，集中陈列展示，形成丰富多彩的系列化效果，提高群体展示的货架冲击力，又增强了消费者对包装的选择性。这种类型的系列化手法，在印刷制版与生产加工方面，不需增加包装成本，只要在印刷中洗版换色即可得到多彩的系列化效果。(见图 7-4 和图 7-5)

图 7-4 造型统一的玻璃容器的所组成系列化包装

图 7-5 统一的金属和纸材容器的系列化包装

5. 多品种不同造型的系列化包装

对于同一企业不同产品、不同形态、不同规格的包装，除运用统一的商标、字体外，采用整体同类型的构图格式或图案装饰风格，使多品种的包装，形成统一的系列化特色，同时在包装的造型、规格与色彩上，又赋予灵活多变的商品个性特点。(见图 7-6)

图 7-6 统一企业的多种产品包装，运用了统一的商标，但同时又针对不同产品的特征，在色彩、图形、版式等方面各具特色，各有风格

图 7-7　这是一套文房四宝的包装，将多种名牌商品统一配套包装，达到一种系列化的效果

6. 同类产品组合性的系列化包装

将几种同类产品进行组合包装就形成了系列化包装。这种类型主要是将几种不同的产品分别包装，再组合统一配套装在一个包装容器中，达到多样统一的系列化效果。(见图 7-7)

7. 礼品系列化包装

礼品包装，是为适应人们日常生活与社会交际时，互赠物品表示心意而对礼物进行的包装。如新婚礼品、生日礼品、节日礼品、日常礼品的包装；企业与社会团体免费馈赠性的礼品包装；国家与政府首脑等国事访问往来互赠的国礼包装等。(见图 7-8)

图 7-8　精美的礼品系列化包装

三、系列化包装设计中要注意的问题

(1)产品类别不能混淆。系列化包装强调的只是在同类商品中进行组合，非同类商品掺入其中，会破坏系列化包装的整体感。

(2)档次要分明，低档商品不能与高档商品组合，否则，给人的感觉是似乎高档商品的档次也不高，这样会影响产品销售。

(3)同类商品中的系列商品既要强调共性，也要有个性。画面的设计处理要注意位置、大小处理适当，以免影响商品的视觉传达，影响销售。

第二节　礼品包装设计

礼品是一种美好情感的精神载体，是友谊和情感交流的“纽带”。正因如此，礼品成为古往今来的重要商品，它所体现的精神价值远远超过商品本身的物质价值，而礼品的包装，起着举足轻重的作用。因此礼品包装设计，在选择礼物，确定包装的形态风格，显示礼品的独特性、珍贵性等方面有突出的典型性，既强调包装的材料选择、保护性能，又在视觉设计上尤为强调包装的审美与心理功能。

一、礼品包装的定义

礼品包装，是指为满足消费者在社会交际中，对表示心意而馈赠的礼品所进行的特别的、着意的、精心的包装。精美的礼品包装可以做到锦上添花，增强礼品气氛，提高礼品身价的功效，以表述送礼品者的心意，不但保护商品、方便携带馈赠，又满足人们的精神需求。礼品包装是现代包装体系中一个组成部分。

二、礼品包装设计的重要性

包装是礼品的“面子”，消费者自然会重视它，因此生产商也不敢忽视它。

礼品作为具有特殊用途的商品，在包装设计上有别于一般商品的包装：一般商品只是购者买自己消费，往往讲究经济实惠，而礼品是用来赠送给别人的，它得体现送礼者的心意，所以礼品包装应比一般商品包装更为讲究，礼品包装的设计也得更为用心。

三、礼品包装的类型

1. 商场销售型礼品包装

在设计上强调一定的文化意识，要求适量、独特、优质，体现或高雅或华贵、或民俗的风格，以显示礼品的特点，追求个性化展示效果，激起顾客购买欲望。在包装的保护性能设计，文字、图形、色彩集中表现商品内容信息，及方便消费、适于批量化加工生产等方面，则与一般的商品包装设计没有原则性的区别。（见图 7-9）

图 7-9　商场销售型的巧克力礼品包装

2. 免费馈赠留念型礼品包装

这类包装主要应用于工商企业和社会团体的经济与文化交流活动之中，目的在于通过礼品与包装联络感情，加强对本单位、团体的社会影响，以利发展。所以，包装视觉设计上主要突出表现东道主单位的信息，如单位的标志、单位名称、单位主建筑物形象、服务宣传广告内容和图片文字，以强化送礼单位的形象影响。政府部门和国礼包装，一般则根据送礼对象的不同层次与具体要求，特别设计制作，以体现职能部门或国家的文化意识形象特点及珍贵、庄重感。

3. 通用装饰型礼品包装

(1)运用彩饰电化铝纸、仿绫纸、丝绸布料、彩带、花结等装饰性包装材料，将各种普通型包装的礼物，按原装形态重新再包装，以彩带或丝绳结扎成一定的形式。还可根据需要，加配花结、品牌、贺词卡等辅助物统一配套，形成高雅、华贵的礼品效果。既表达了送礼者的心意，又寓于含蓄神秘感。（见图 7-10）

(2)商场备用的彩印通用礼品盒、锦盒、礼品袋等大众化通用的礼品包装。它主要是体现地域性商品或商场特销商品的特点，根据顾客的购货需求，在销售现场临时零售包装。(见图 7-11)

图 7-10 通用装饰型礼品包装一

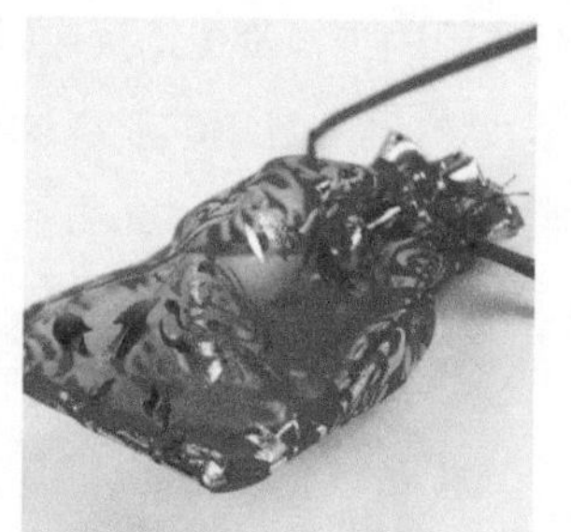

图 7-11 通用装饰型礼品包装二

4. 传统的礼品包装

回归传统的包装形式，往往能在当今琳琅满目的现代商品包装中出奇制胜，备受青睐。如红纸包封礼品(红包)。喜、福、寿、吉祥寓意剪纸花饰，特别的竹篮、竹签、木盆、手工编织性的地方土特产礼品包装等。

四、礼品包装设计的要点

1. 高档性

礼品作为馈赠物品，既表达被馈赠者的尊贵，也体现馈赠者的身份，因此，礼品包装应注重包装的形态和材料。现代包装材料种类繁多，作为设计者，需要在诸多包装材料中选择合适的材料来体现礼品包装的高档性。

同时也要注意一点，高档次的材料不一定都能体现礼品的高档性，它要看设计者是否用得恰到好处，否则就俗气了；反之，低档次的材料也不一定不能体现礼品的高档性，运用适当，既有特色也会具有高档感。

除了具有创新意识的设计理念之外，还需要对各种材料的结构、性能及一般加工方法等方面有所了解、分析，以求达到包装的最佳状态。

2. 针对性

礼品包装一般多用于节、庆、婚、寿、访亲、慰问等场合，在其包装设计上应突出针对性，并体现各类不同礼品的特殊性及用途。如中秋节是中国人的传统节日，无论设计者用何种手法设计，包装所传达的语言必须具有中华民族的文化特色，这需要在包装的造型、图形、文字、色彩等方面充分体现出来。

礼品是用来送亲人朋友的，当然应针对不同的对象。性别不同、年龄不同，其喜好也必然不同。如为男性设计的礼品包装应该突出阳刚之气；而为女性所设计的包装则应体现柔美之感；为儿童设计的礼品包装应该有天真活泼的特点，如卡通图案，红、黄、蓝等纯度较高的色彩，都比较受小朋友的喜欢；为青年朋友设计的礼品包装则应具有时尚、朝气感；为老年人设计的礼品包装则应沉着、典雅，有深度，过于花俏反而不受老年人的喜欢。

3. 情调性

送礼本身就是传情，因此礼品包装不可忽视情调性。情调性既可在包装的色彩、文字、图形中得以体现，也可在包装的造型上加以表达，如一个心形，传递温馨、浪漫；一个卡通动物形，传递可爱、欢快、愉悦，等等。

4. 特色性

不同的礼品产自不同的地方，因此礼品包装应强调设计创意，突出民族或地方特色，体现具有文化品位的个性特点，拉开与同类产品的距离，创造出强烈的个性与地域特色，来突显商品的与众不同。

五、礼品包装的设计定位

1. 产品定位

产品的定位和馈赠行为本身的对象、地点、时间都直接关联。产品档次可分为低、中、高档。主要应考虑包装生产成本的问题，要尽量做到产品好、成本低。在包装外部效果上应恰如其分地表现出产品的档次，来满足消费者的精神与审美需求，须防止过于奢侈。

2. 消费者定位

消费者定位主要是指礼品包装设计要适合一定层次的消费者，不能忽视消费者的多样性需求。在进行消费定位时要考虑社会阶层与消费地区的定位，以及消费者本身的心理因素的定位。

【思考题】

如何理解系列化包装和礼品包装的关系。

【练习题】

1. 主题系列化包装设计

选择某一品牌的产品为设计主题，进行主题系列化包装设计练习。要求包装形态有大、中、小三种，件数不少于8件。用电脑软件制作完成，最后彩印出图，制成成品。

2. 主题礼品包装设计

选择某一品牌的产品为设计主题，进行主题礼品包装设计练习。要求包装形态有大、中、小三种，件数不少于5件。用电脑软件制作完成，最后彩印出图，制成成品。礼品包装设计的选材要求高档、精致，能体现礼品的特征。

第八章

学生包装设计作品欣赏

第一节 包装效果图制作欣赏

2011 中国包装设计大赛优秀奖作品如图 8-1 至图 8-11 所示。

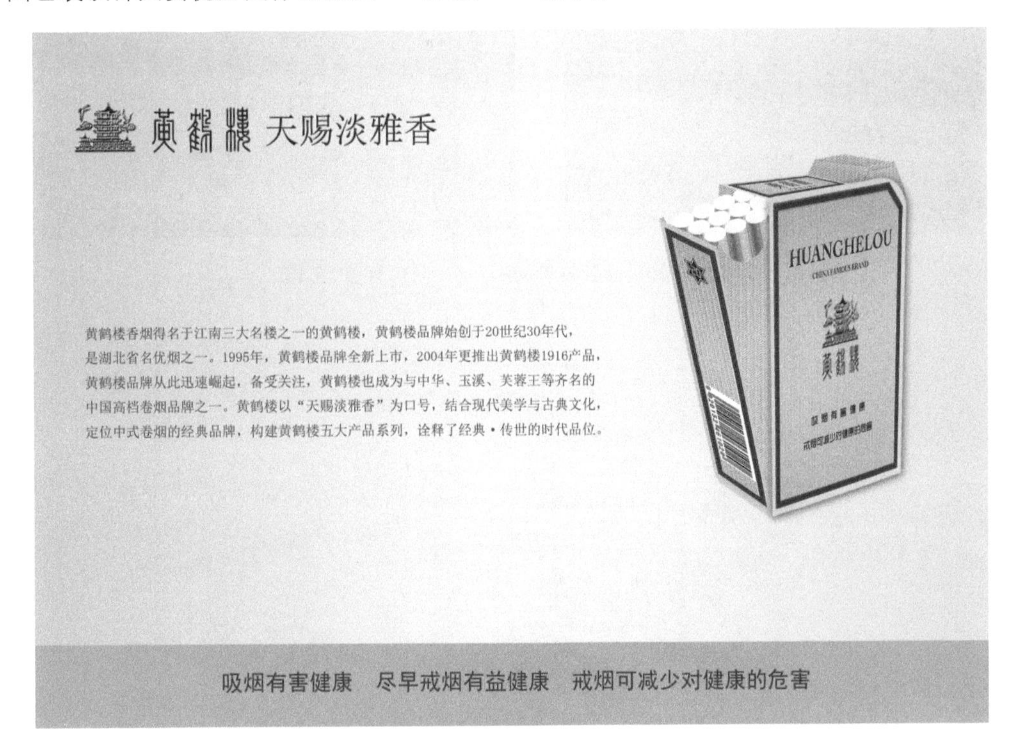

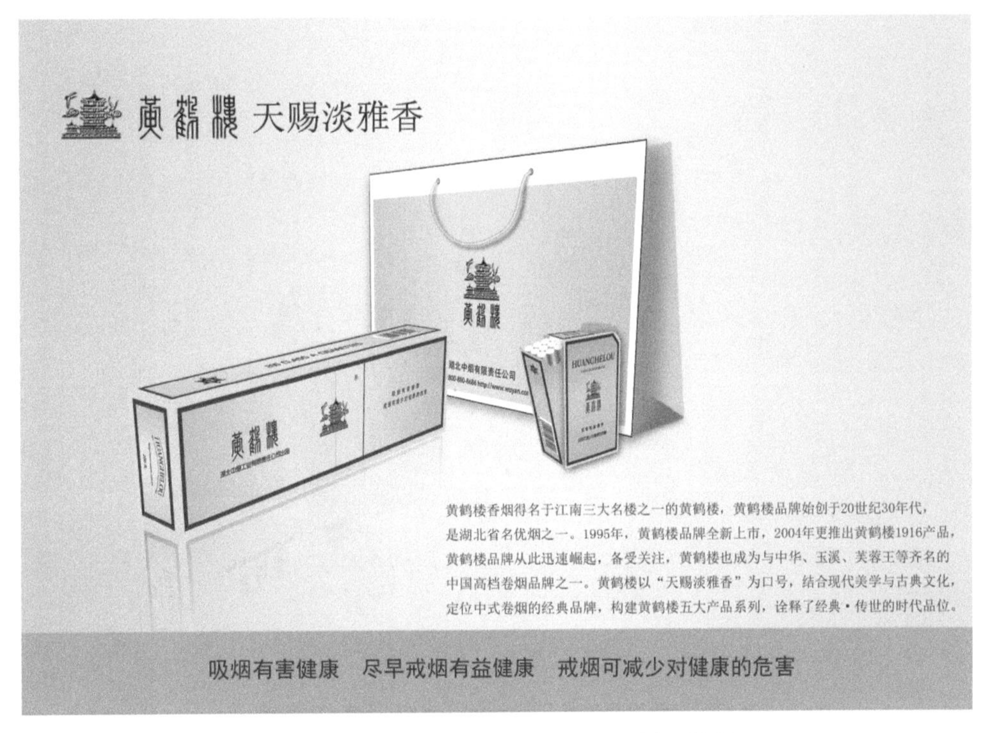

图 8-1 香烟包装效果图制作一 （设计者：刘骋）

图 8-2　香烟包装效果图制作二　(设计者:王恒)

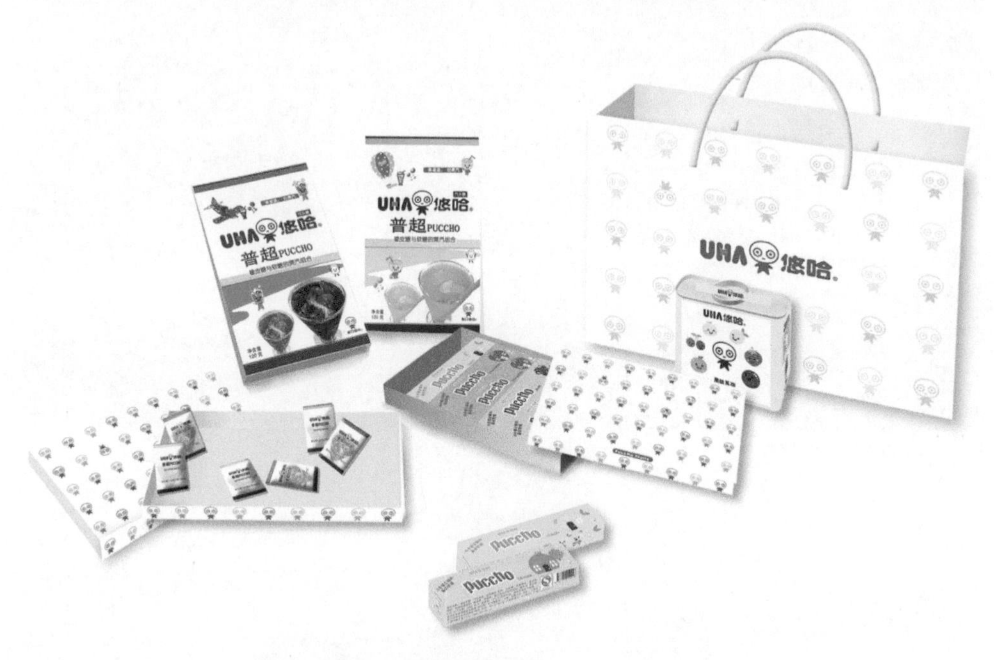

图 8-3　糖果包装效果图制作一　(设计者:徐晓曦)

8-4　糖果包装效果图制作二　(设计者:李梦雪)

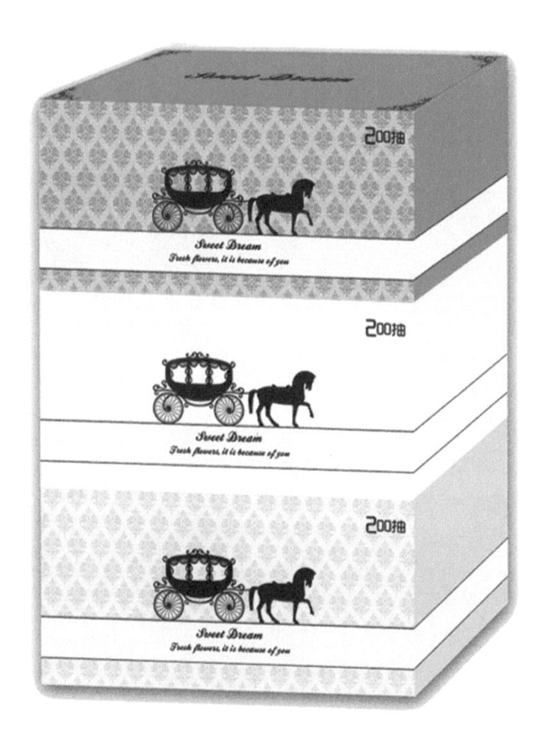

图 8-5 纸巾包装效果图制作一 （设计者:蒋薇）

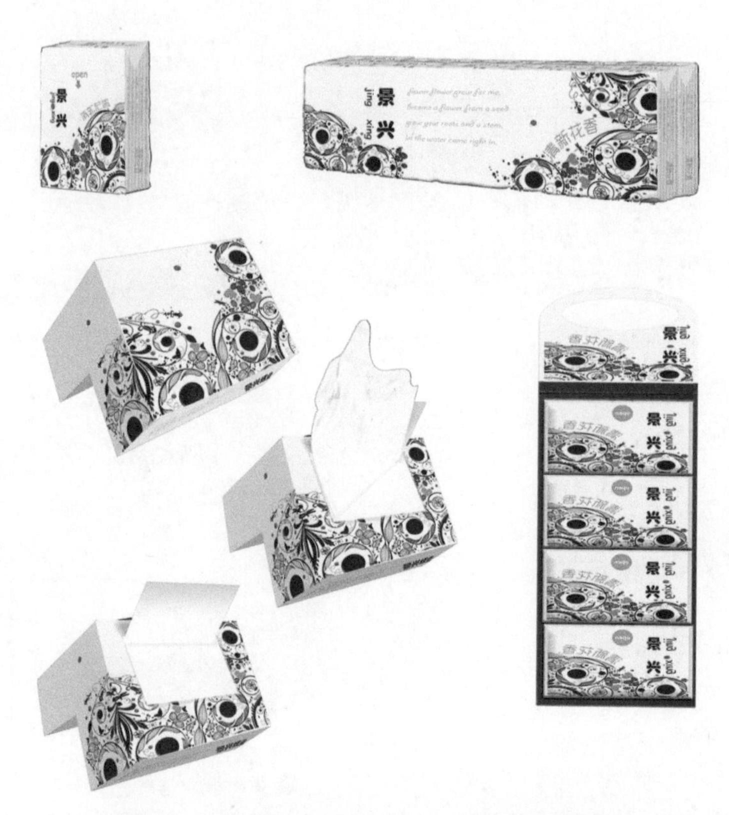

图 8-6　纸巾包装效果图制作二　(设计者:余竹)

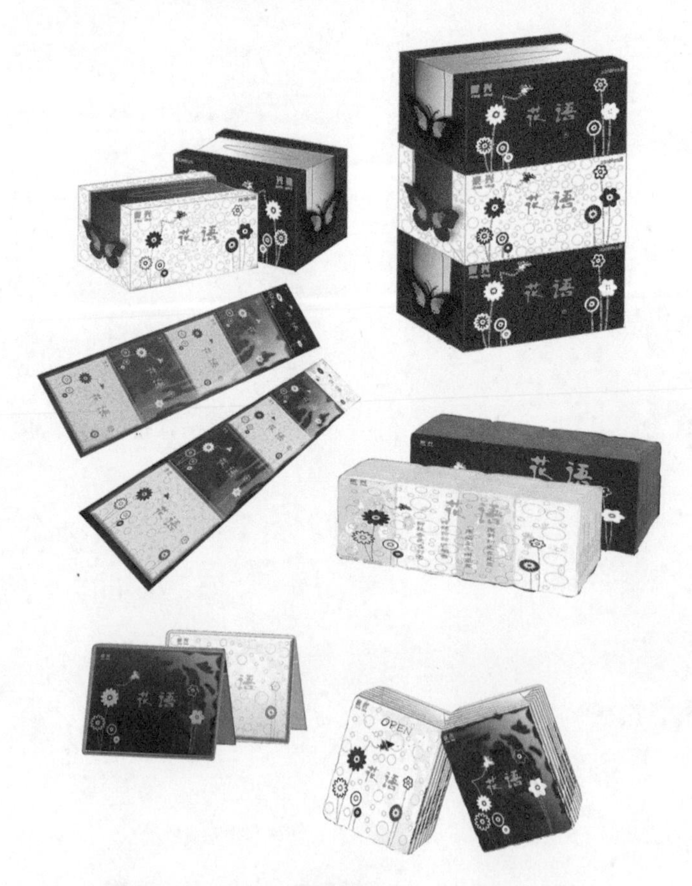

图 8-7　纸巾包装效果图制作三　(设计者:赵倩)

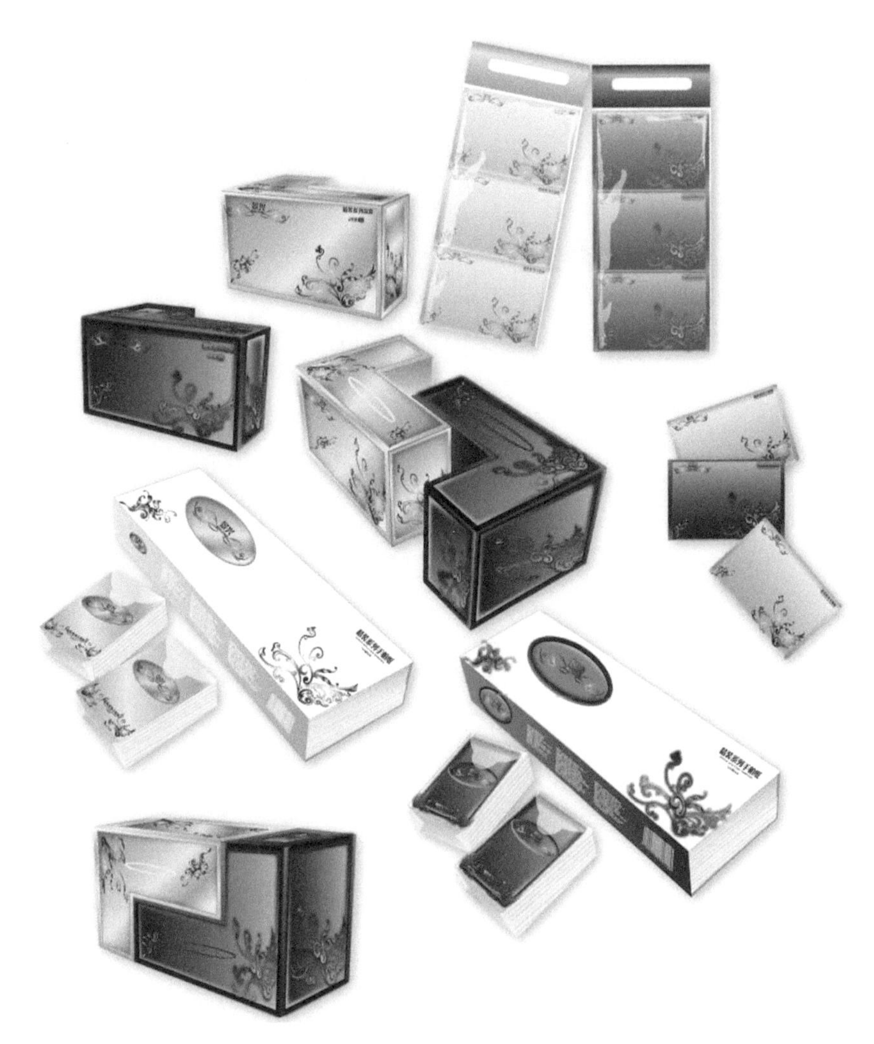

图 8-8　纸巾包装效果图制作四　（设计者：危丽）

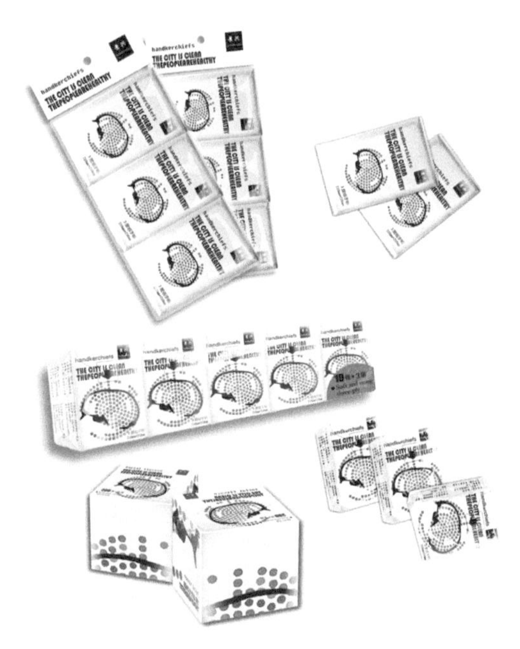

图 8-9　纸巾包装效果图制作五　（设计者：李璟）

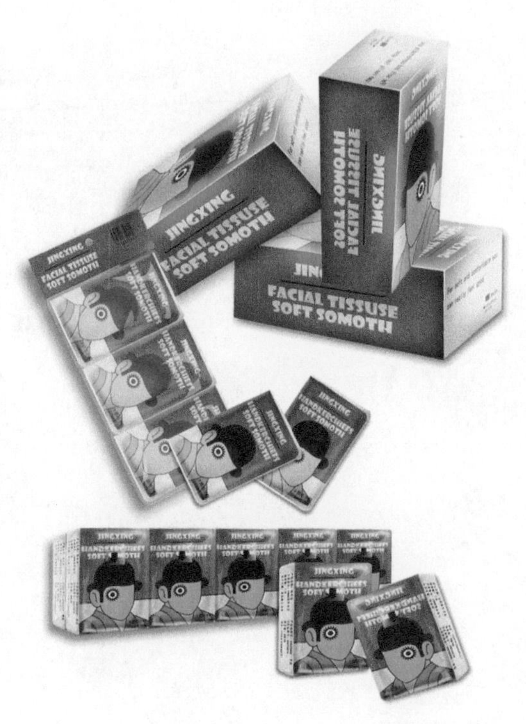

图 8-10　纸巾包装效果图制作六　(设计者:李璟)

图 8-11　纸巾包装效果图制作七　(设计者:严欣)

第二节 包装设计作品欣赏

包装设计作品欣赏如图 8-12 至图 8-35 所示。

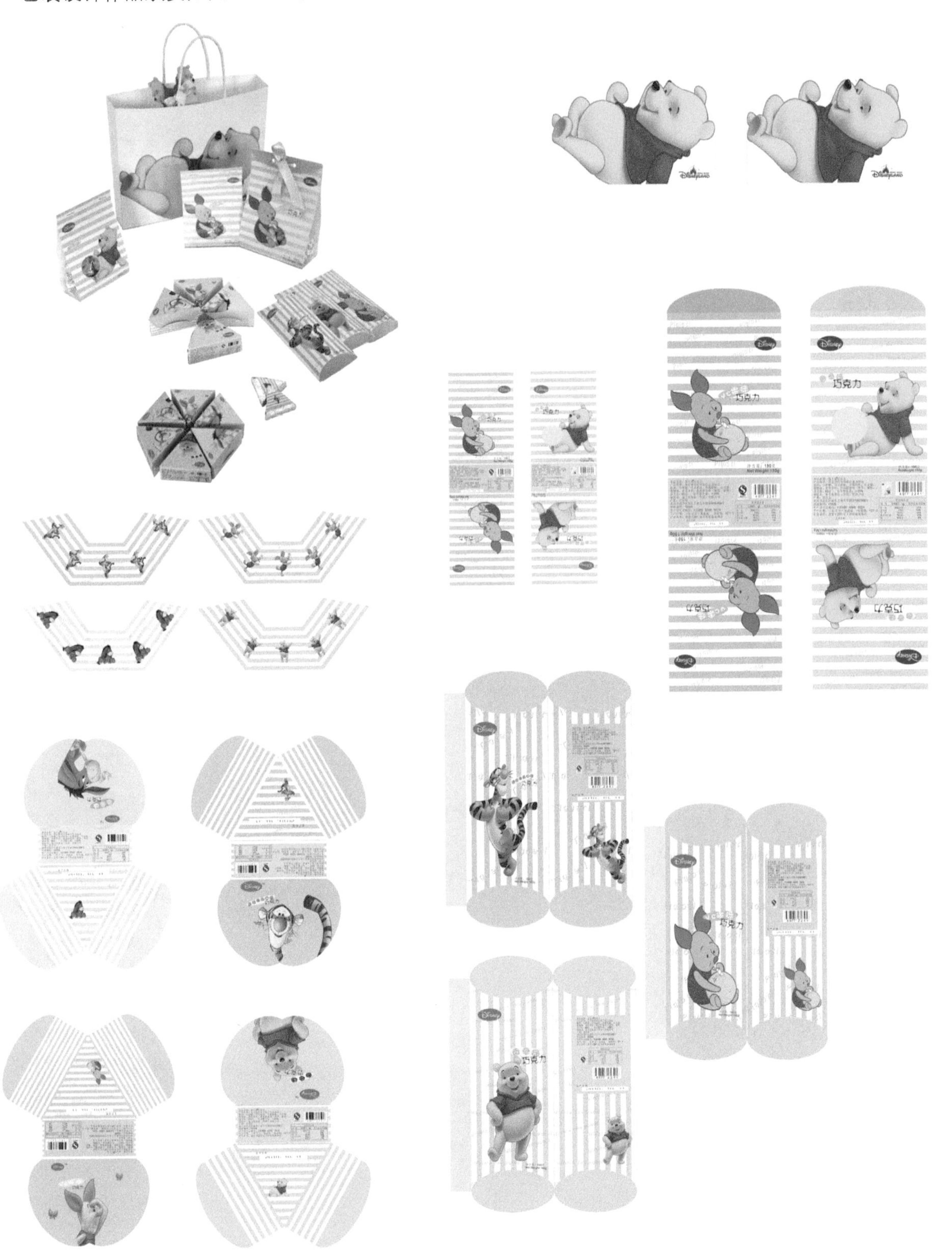

图 8-12 巧克力系列包装设计一 （设计者：严瑾）

图 8-13　巧克力系列包装设计二　(设计者:陈承)

图 8-14　儿童巧克力礼品包装设计　(设计者:曹琳琳)

图 8-15　大白兔奶糖包装设计

图 8-16　不二家牛乳糖包装设计

图 8-17　不二家夹心糖包装设计

图 8-18　彩虹糖包装设计

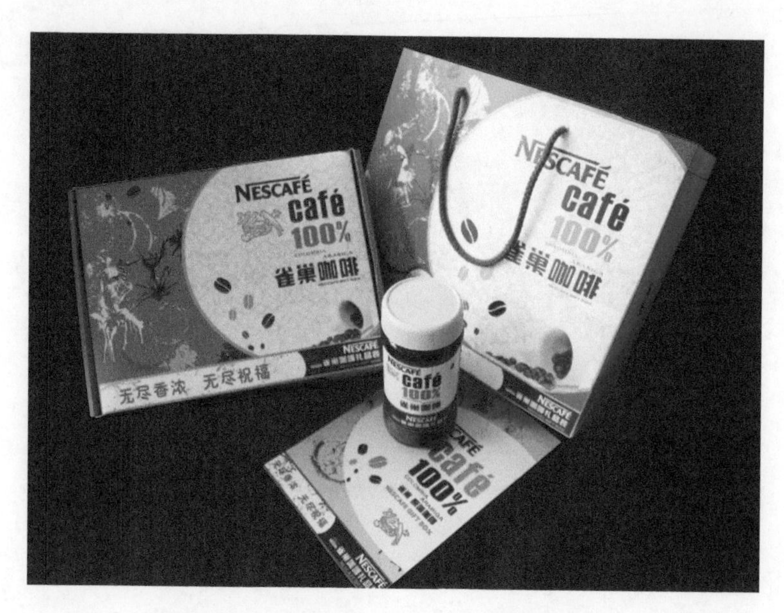

图 8-19 咖啡礼品包装设计 (设计者:陈俊)

图 8-20 糕点礼品包装设计一 (设计者:李莉)

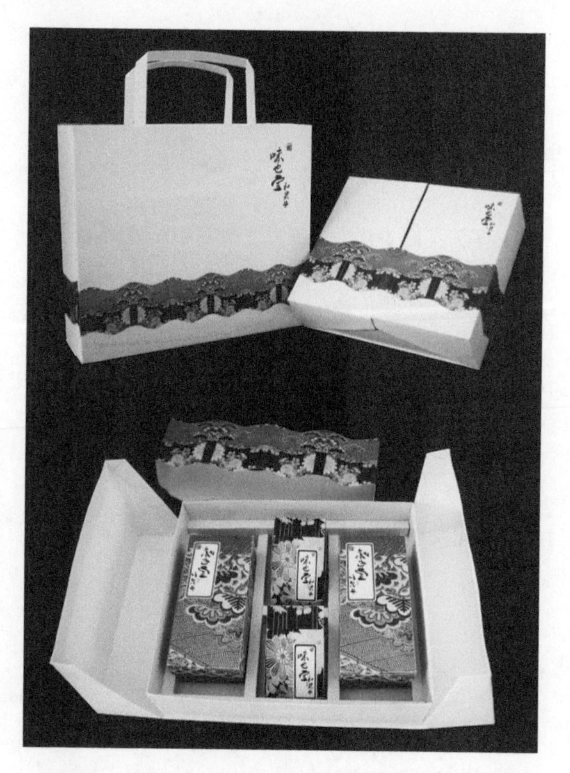

图 8-21 糕点礼品包装设计二 (设计者:高劼)

图 8-22　怪兽牛奶糖包装设计

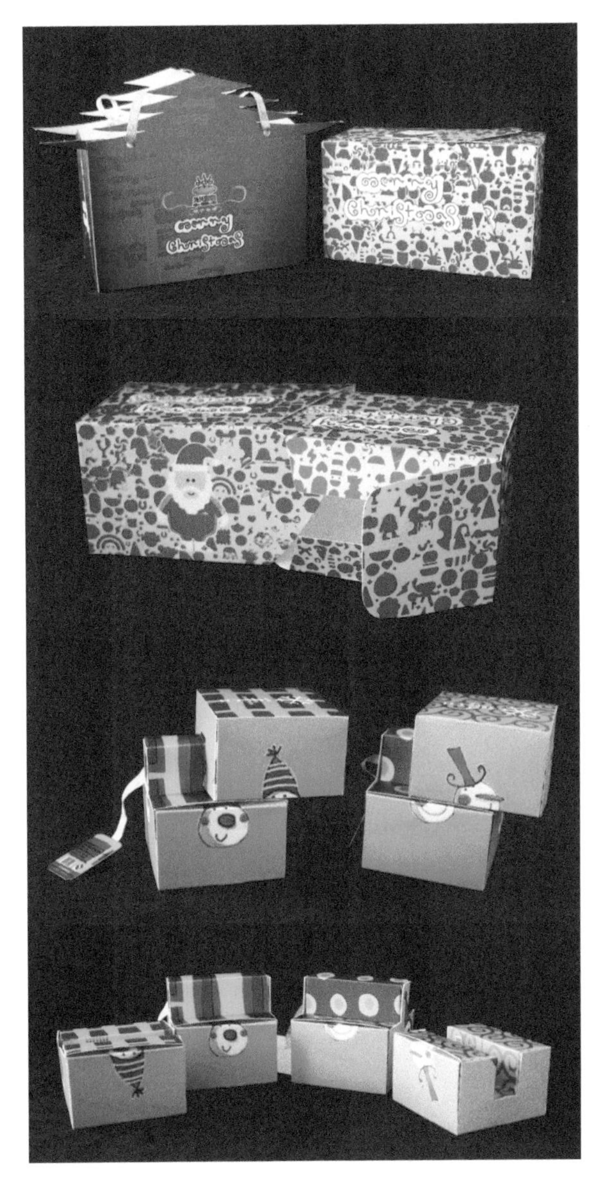

图 8-23　糕点礼品包装设计四　（设计者:吴爽爽）

图 8-24　果汁糖包装设计

图 8-25　药糖包装设计

图 8-26　牛奶糖包装设计

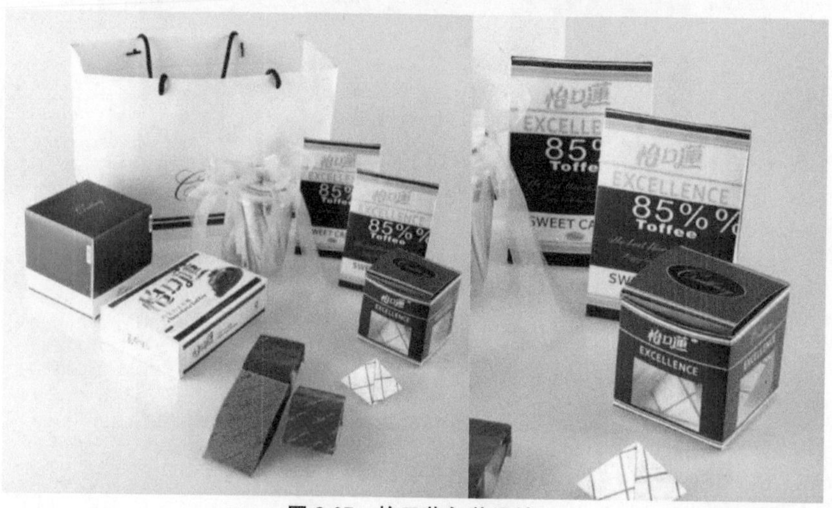

图 8-27　怡口莲包装设计

图 8-28　明治糖果包装设计

图 8-29　饼干系列包装设计　（设计者：常颖）

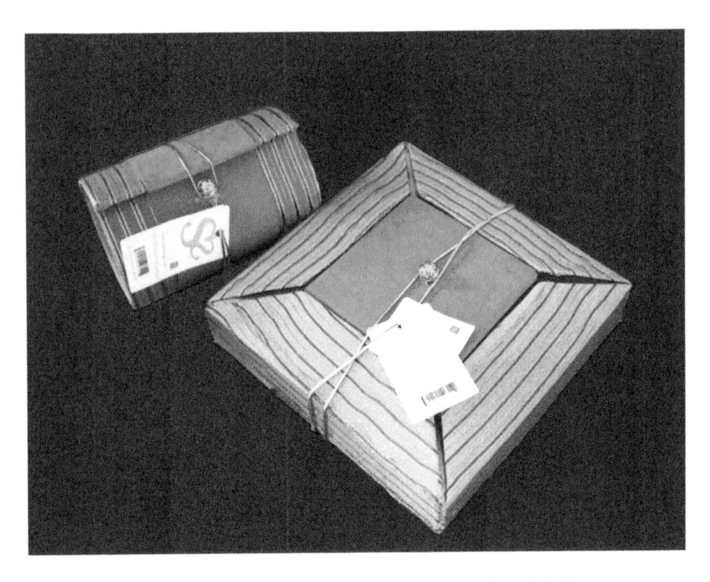

图 8-30　饰品礼品包装设计　（设计者：钟莎莎）

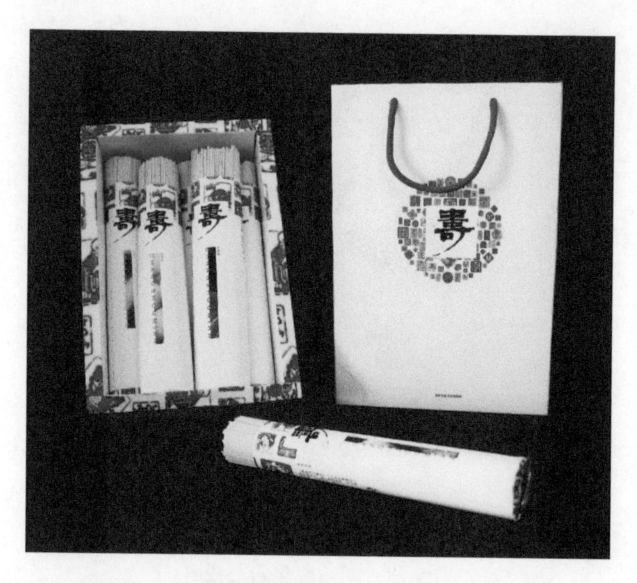

图 8-31　面条系列包装设计　(设计者:孙京芳)

图 8-32　金丝猴糖果包装设计

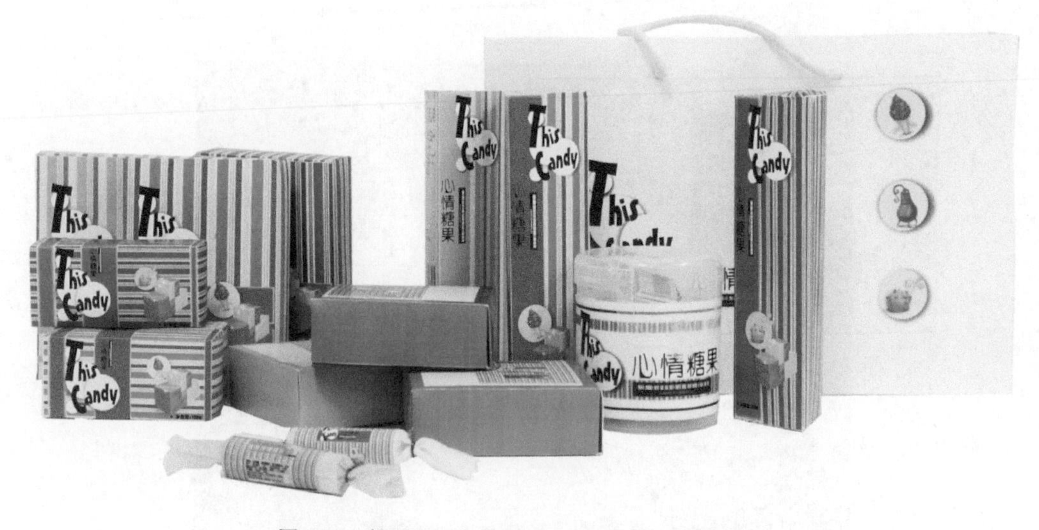

图 8-33　糖果系列包装设计一　(设计者:李梦雪)

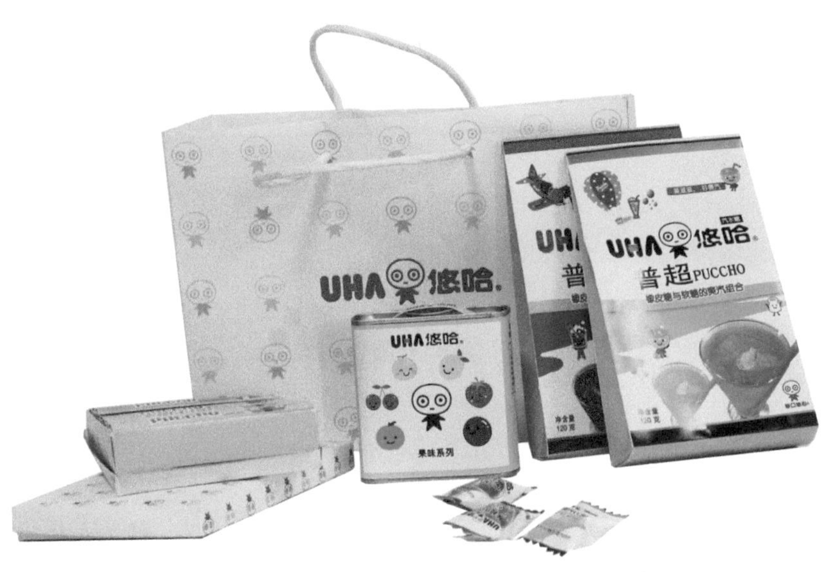

图 8-34　糖果系列包装设计二 （设计者:徐晓曦）

图 8-35　喜糖礼品包装设计 （设计者:李束琴）

参考文献

[1] 范凯熹. 包装设计[M]. 上海:上海画报出版社,2006.
[2] 陈青. 包装设计教程[M]. 上海:上海人民美术出版社,2009.
[3] 陈磊. 包装设计[M]. 北京:中国青年出版社,2006.
[4] 萧多皆. 纸盒包装设计指南[M]. 沈阳:辽宁美术出版社,2003.
[5] 谢琪. 纸盒包装设计[M]. 北京:印刷工业出版社,2008.
[6] 和克智,曹利杰. 纸包装容器结构设计及应用实例[M]. 北京:印刷工业出版社,2007.
[7] 杨仁敏,杨曦. 礼品包装新空间[M]. 重庆:重庆出版社,2003.
[8] 刘小玄. 包装设计教学[M]. 南昌:江西美术出版社,1999.
[9] 张大鲁,吴钰. 包装设计基础与创意[M]. 北京:中国纺织出版社,2006.
[10] 曾景祥,肖禾. 包装设计研究[M]. 长沙:湖南美术出版社,2002.
[11] 连放,陆乐,刘怡泓. 包装结构设计[M]. 杭州:浙江人民美术出版社,2009.
[12] 张建琦. 包装设计[M]. 郑州:河南科学技术出版社,2007.
[13] 曹方. 包装设计务实[M]. 南京:江苏美术出版社,2005.
[14] 刘春雷. 包装材料与结构设计[M]. 北京:印刷工业出版社,2009.